数·智空间设计丛书

openBIM与AI
建筑标准化、智能化
融合创新

任国乾 著

同济大学出版社·上海
TONGJI UNIVERSITY PRESS · SHANGHAI

图书在版编目（CIP）数据

openBIM 与 AI：建筑标准化、智能化融合创新 / 任国乾著 . -- 上海：同济大学出版社，2025.2. --（数·智空间设计）. -- ISBN 978-7-5765-1395-0

Ⅰ. TU-39

中国国家版本馆 CIP 数据核字第 202438TW01 号

数·智空间设计丛书

openBIM 与 AI：建筑标准化、智能化融合创新
openBIM and AI: Integration and Innovation in Building Standardization and Intelligence

任国乾　著

出 版 人	金英伟
策　　划	晁 艳
责任编辑	王胤瑜
封面设计	张 微
平面设计	邱 收
责任校对	徐逢乔

版　　次	2025 年 2 月第 1 版
印　　次	2025 年 2 月第 1 次印刷
印　　刷	上海安枫印务有限公司
开　　本	710mm×1000mm　1/16
印　　张	13
字　　数	218 000
书　　号	ISBN 978-7-5765-1395-0
定　　价	98.00 元
出版发行	同济大学出版社
地　　址	上海市四平路 1239 号
邮政编码	200092
网　　址	http://www.tongjipress.com.cn

本书若有印装质量问题，请向本社发行部调换。
版权所有　侵权必究

本专著由国家自然科学基金资助项目（No. 52308031）和中央高校基本科研业务费专项资金资助出版

前 言

在当今技术迅速发展、全球互联互通的时代，建筑行业面临着独特的挑战和机遇。随着信息技术和人工智能（Artificial Intelligence，AI）的进步，建筑领域的传统工作方式正在经历着深刻的变革。为了应对这些变化，促进行业的可持续发展，探索和采用新技术、新工具和新方法变得尤为重要。《openBIM 与 AI：建筑标准化、智能化融合创新》一书正是在这种背景下编写而成。openBIM 作为建筑领域的开放标准与方法体系，不仅能促进建筑行业与多个相关学科之间的协作，还为建筑项目的全生命周期管理提供了共享的数据环境。同时，AI 技术在建筑数据分析、模式识别和决策支持方面的应用，也为建筑设计、施工和运营维护等环节带来了革命性的进步。本书的主旨就是探讨如何将 openBIM 和 AI 技术结合并应用于现代建筑行业的实践，以推动建筑行业朝着更加标准化和智能化的方向发展。

本书共分为 6 个章节。第 1 章介绍了 openBIM 的相关基础概念，阐释它们在现代建筑行业中的重要性；第 2 章探讨了两种 AI 技术的基本原理及其与 BIM 融合应用的方向，为后文详细揭示其与 openBIM 的具体融合应用作了铺垫；第 3 章详细讨论基于 openBIM 的 IFC 数据模式应用；第 4 章描述了如何利用 BIM 数据与本体知识模型服务于建筑项目价值评估，涉及 openBIM 方法在建筑自动化信息交换中的应用，以及如何针对应用中的信息交换需求来构建本体知识模型；第 5 章则展示了如何将 AI 算法与 BIM 结合用于创新性的建筑资产评估；第 6 章对 openBIM 与 AI 在建筑领域的研究动态与面临的挑战进行了总结和展望。

  本书的完成得益于众多专家学者的支持和指导，其中特别要感谢 BIM 研究领域著名学者、英国卡迪夫大学李海江教授带领的 BIM 研究团队。作者有幸在博士研究生和博士后阶段深入参与到国际 BIM 标准——IFC 的开发建设的相关研究工作中，这段宝贵的经历为作者后续的研究实践提供了深厚的学术支持，拓宽了作者的视野，让作者对 BIM 技术的发展及其在建筑行业中的应用有了更深入的理解和认识。在此，深切地感谢李海江教授团队给予的支持和鼓励，他们的贡献对本书的完成起到了不可或缺的作用。

  作者希望，读者通过阅读本书，不仅能够获得关于 openBIM 和 AI 技术在建筑行业应用的前沿知识，还能够更深入地理解这些技术如何共同推进建筑行业向更高水平的标准化、智能化发展。无论是对建筑设计师、工程师、项目管理者还是学术研究人员，本书都将提供有价值的参考和灵感。

目 录

1 从 BIM 到 openBIM：概念、核心要素及应用体系
001

- 1.1 BIM 发展历程 / 002
- 1.2 BIM 核心要素体系：DIKW / 005
- 1.3 从 BIM 到 openBIM / 007
- 1.4 openBIM 开放标准体系 / 012
  - 1.4.1 通用数据标准体系 / 012
  - 1.4.2 信息交互体系 / 015
  - 1.4.3 知识管理体系 / 018
- 1.5 openBIM 的核心内涵：互操作性、开放性与可持续性 / 019
  - 1.5.1 互操作性 / 019
  - 1.5.2 开放性 / 020
  - 1.5.3 可持续性 / 021

2 AI 与 openBIM
023

- 2.1 机器学习与集成学习 / 024
- 2.2 本体知识模型与语义网技术 / 029

3 BIM 数据标准的扩展创新
035

- 3.1 IFC 数据模式扩展现状及待解决的问题 / 037
- 3.2 IFC 数据模式扩展的过程 / 041
- 3.3 IFC 数据模式扩展的方法 / 042
  - 3.3.1 扩展范围定义 / 043
  - 3.3.2 信息需求分析 / 044
  - 3.3.3 概念模型构建与拓展 / 046
  - 3.3.4 IFC 扩展模型的导出、应用和验证 / 051
- 3.4 IFC 数据模式扩展应用案例：
  标准开发中的港口和航道工程领域扩展 / 052
  - 3.4.1 标准扩展背景 / 053
  - 3.4.2 梳理信息需求：基于应用场景与实际案例 / 054
  - 3.4.3 构建概念模型：港口和航道工程的物理与空间元素 / 058

3.4.4　应用与验证（1）：总体规划模型导出 / 063

3.4.5　应用与验证（2）：用所扩展的 IFC 实现项目设计管理 / 065

4 BIM 与本体知识模型用于建筑价值评估

071

4.1　建筑项目价值评估概述：以物有所值评估为例 / 072

4.2　BIM 与项目价值评估研究现状 / 075

　　4.2.1　标准化 BIM 数据在建筑类项目价值评估中的应用潜力 / 075

　　4.2.2　语义网技术与评估决策优化 / 079

4.3　基于标准化 BIM 和本体知识模型的物有所值评估方法与过程 / 081

　　4.3.1　评估方法论：设计科学研究方法论 / 081

　　4.3.2　问题识别：评估的自动化信息交换缺乏 BIM 数据支持 / 082

　　4.3.3　需求分析：定义评估信息交换需求 / 082

　　4.3.4　设计与开发 / 084

4.4　BIM 与本体知识模型应用于物有所值评估的案例 / 096

　　4.4.1　交付需求下的信息获取 / 096

　　4.4.2　流程图制定 / 102

　　4.4.3　链接 IFC / 102

　　4.4.4　基于评估需求的自动化信息交换工具 / 111

4.4.5　构建基于本体的评估知识模型 / 114

4.4.6　本体知识模型在资产价值评估中的应用 / 123

5　BIM 与 AI 算法结合用于建筑资产评估

129

5.1　BIM 数据获取 / 130

5.1.1　BIM 数据获取方式 / 130

5.1.2　BIM 数据获取流程 / 134

5.1.3　数据获取工具开发 / 138

5.2　建筑资产评估概述 / 141

5.3　AI 算法服务于建筑资产价值评估 / 143

5.4　基于 BIM 和 AI 算法的建筑资产评估方法与过程 / 145

5.4.1　基于集成学习的 AI 算法设置 / 145

5.4.2　IFC 数据模式在建筑资产评估中的应用 / 149

5.5　案例：BIM 与 AI 算法在资产评估中应用 / 151

5.5.1　获取评估数据 / 151

5.5.2　模型训练 / 153

5.5.3　资产评估 / 155

6 openBIM 与 AI 融合的未来与挑战

161

6.1 结合 openBIM 与 AI 技术实现智能决策 / 162

6.2 融合的挑战及应对策略 / 164

参考文献 / 167

附录 / 179

附录 A　国内外 BIM 标准建设 / 180

附录 B　BIM 国际通用标准体系简介 / 194

1

从 BIM 到 openBIM：
概念、核心要素及应用体系

建筑信息模型（Building Information Model，BIM）的核心要素和独特先进的工作流程，有助于实现从方案设计到建成后运营全生命周期的信息整合。BIM 体系的发展作为建筑业数字化转型创新的重要内容，正在改变建筑领域专业人士创建和管理项目信息的方式。openBIM 应用体系则基于开放标准，帮助使用不同 BIM 软件、处于项目不同阶段的参与者高效创建、管理和共享数据，旨在提升建筑信息交互和管理的透明度和效率，减少成本和错误，在推动工程建设标准化、优化资源管理、智能建造及可持续建筑实践方面具有重要的作用。

1.1 BIM 发展历程

BIM 概念在 20 世纪 70 年代就已存在。最早的建筑模型软件于 20 世纪 70 年代末到 80 年代初问世，这体现在 BIM 起源学者查克·伊斯曼（Chuck Eastman）先生提出的"Building Description System"等概念中[1]。"建筑模型"这个词首次出现在 20 世纪 80 年代中期的论文中[2]，但"BIM"这一术语直到 10 年后才开始流行。我们可以分别从 BIM 在早期阶段和当前国际标准框架体系中的定义上追溯 BIM 概念的最初表达和演化过程。伊斯曼在其著作《BIM 手册》中对 BIM 的描述为：

"建筑信息模型（BIM）为设计、建设和设施管理提供一种创新方法，使用建筑产品和流程的数字表示来促进数字格式交换和提高信息互操作性。"[3]

世界上第一部整合性的 BIM 国际标准 ISO 19650❶ 将 BIM 描述为：

"利用可共享的建筑资产数字化表现形式，促进设计、施工和运营过程，为决策提供可靠依据。"[4]

可以看出，随着时间的推移，BIM 概念也在不断演变，应用也日益丰富：从最初仅用于建筑设计、施工和制造行业，到如今已涵盖建筑资产管理和运营，当前的 BIM 国际标准体系尤其强调了其在数字资产构建方面的作用，并且明确地将 BIM

---

❶ ISO 19650 是第一部整合性的 BIM 国际标准，旨在规范 BIM 在建筑和基础设施项目中的应用，提高数据管理和协同工作的效率。

视为在项目全生命周期中为决策提供可靠依据的资产载体。BIM 逐渐成为建筑行业的核心技术。

BIM 的发展可以大致划分为以下几个阶段：

早期阶段（20 世纪 60—80 年代）：在计算机图形学诞生的早期阶段，建筑数字化最初的尝试主要集中在建筑的 2D 图形表示和处理上。这一时期的关键发展包括 CAD（计算机辅助设计）系统的产生，以及简单 3D 模型的出现。尽管这些初步尝试离现代的 BIM 还有一段距离，但它们为 BIM 的产生奠定了基础。

发展阶段（20 世纪 80—90 年代）：在这个阶段，3D 模型的概念开始获得广泛接受，并在建筑设计中得到应用。软件工具开始具有更复杂的功能，如参数化设计和关联性设计，即改变一部分设计时，其他相关部分也会自动调整。这种进步使设计过程更加精确、高效。

成熟阶段（20 世纪 90 年代—21 世纪 10 年代）：这个阶段是 BIM 真正形成并开始被广泛应用的时期。Autodesk 在 2002 年发布了 Revit[1]，这是一个完全集成的 BIM 工具，能够创建和管理建筑项目的所有信息。此外，其他许多公司也发布了自己的 BIM 软件，包括 Graphisoft 的 ArchiCAD[2] 和 Bentley Systems 的 MicroStation[3] 等。这些软件的出现，使 BIM 成为了主流的建筑设计工具。

扩展阶段（21 世纪 10 年代至今）：现在，BIM 的应用不仅仅局限于建筑项目设计阶段，还扩展到了施工和运营阶段。这意味着 BIM 已经从一个设计工具发展成为一个全生命周期管理工具。同时，BIM 也开始与许多新兴的技术相结合，例如大数据分析、虚拟现实以及人工智能等，实现了建筑信息的深度整合和智能化应用。

传统的建筑设计主要依赖于"平立剖"等二维图纸，BIM 的出现则扩展了设计的空间尺度，并整合了关于时间、成本、资产管理、可持续性等方面的信息。举例来说，除几何信息以外，BIM 还包含了建筑的空间、地理信息，以及建筑组件的属性信息，支持从方案规划到施工运维相关的多种协作过程。从项目专业人员使用的角

---

[1] Autodesk 开发的 BIM 软件，支持建筑、结构和机电设计的多学科协作。
[2] Graphisoft 开发的 BIM 软件，专为建筑师设计，强调直观设计和细节表达。
[3] Bentley Systems 开发的工程设计软件，用于土木、交通和建筑领域。

度，BIM 使得专业团队（规划师、测量师、建筑设计师、结构设计师等）以及项目主要参与方（客户、主承包商、分包商、运营商等）可以共享标准化的项目信息。在当前标准化高度发展的进程下，这一过程主要通过一个联合 BIM 模型❶ 来实现，该模型可将跨越不同专业、不同阶段的项目数据进行融合。从项目全生命周期采购和管理的角度来看，合理地运用 BIM 能够对采购流程中重要节点的信息管理问题进行定性或定量描述，进而更有效地加以解决，这对于多种合作模式的项目 [如 DBB（设计 – 招标 – 施工）、DB（设计 – 施工一体化）、DBO（设计 – 施工 – 运营）、PPP（公私合营）以及 EPC（设计 – 施工总承包）等] 均十分适用。表 1-1 根据世界银行所提出的项目采购流程，列出了 BIM 在工程项目采购中的作用。

表 1-1　BIM 在工程项目采购不同阶段的作用体现[5]

阶段	重要采购指标	BIM 功能体现	描述
采购模式筛选阶段	项目规划/企划	记录场地信息；创建项目数据库	用于确定选址可行性的信息
采购模式评估阶段	定性评估（项目全生命周期风险管理；合同/资产管理；市场兴趣采集；采购效率等）	合规性检查；文件查询；信息交换；模型仿真等	用于文档和历史资产数据管理，以提升信息管理质量
采购模式评估阶段	定量评估（如设施管理成本、建造成本、运营成本、运输成本、人力资源成本、风险成本及其他成本的估算）	工程量分解；成本分析	有助于优化项目成本结构，并提供实时测量成本的工程量拆解
方案设计管理阶段	可行性分析	成本分析；进度分析	规范项目管理流程，将流程与数据相关联
方案设计管理阶段	招标与竞标过程	信息交换；可视化展示	在招投标阶段传递工程项目利益相关者的需求
方案设计管理阶段	明确目标需求	信息格式化；信息交换	用计算机可读的方式传递项目利益相关者的需求
方案设计管理阶段	项目简介与合同上传	信息格式化；信息交换	工程项目合同目标的数字化传递
方案设计管理阶段	采购过程监管与合同变更	文档管理	提供进度监控与文档管理

❶ 此类模型的作用是将项目不同参与方（如建筑师、工程师、承包商）分别制作的 BIM 模型组合在一起。

续表

阶段	重要采购指标	BIM 功能体现	描述
采购实施阶段	场地是否具备可用性	测量数据整合；空间分析	输入相关信息，供后续的设计和施工使用
	是否智能把控施工进度	施工进度模拟	格式化安排工程进度表，以减少成本和延迟
	是否有设计缺陷和建成可行性	碰撞检测；合规性审查	提高设计质量并服务于施工管理
	是否具有高质量工艺及技术	进度管理；工程量管理	通过数据管理提高施工质量
	施工安全考虑	合规性审查；虚拟现实	通过虚拟现实、交互式展示等技术传递施工信息，改善施工安全规划
	是否具备设计到施工的技术创新	数据库构建；信息交换	将信息以自动化、标准化的方式从设计阶段传递到施工阶段
	是否能管理材料、人员、设备	基于 CDE（通用数据环境）的项目管理平台	在 CDE 下实现人员、资产信息的管理
	是否能合理控制施工成本	造价计算；施工模拟	利用标准化数据和模拟方案准确测算施工成本
	是否能合理控制运营成本	信息交换；运维管理平台	将信息以自动化、标准化的方式从设计阶段传递到运维阶段
	完成后是否有剩余资产	资产管理模型	实现在 CDE 下的资产信息管理

1.2 BIM 核心要素体系：DIKW

最初的"DIKW"概念由托马斯·斯特尔那斯·艾略特（T. S. Eliot）在 1934 年出版的《岩石》诗集中提出[6, 7]，而后被用于计算机科学（尤其是涉及信息工程的信息管理），它从结构化的角度梳理知识库构建的思路，以指导提升信息传递的可靠性并实现逻辑性知识处理。按照 DIKW 的思路来审视 BIM，其核心要素可以分为以下几个方面。

数据层（Data）：主要指向 BIM 底层的元数据，即以一定模式为载体的数据类型。BIM 本身的构建过程也是标准化数据形成的过程，因为 BIM 可以集成海量的建筑数据，涵盖建筑设计、施工、运营和维护过程所涉及的几何数据（如建筑物的形状、尺寸等）、属性数据（如材料、生产商信息等），以及关系数据（如空间、系统之间的联系）等。BIM 模型本身具有数据库的属性，可以用特定的数据库语言对所需数据进行提取、分类，以及面向其他应用领域的转义等。

信息层（Information）：将不同来源的 BIM 数据结合应用需求，集成到一个共享的模型中，汇集成面向专业领域应用的信息模型。在 BIM 中，信息是对数据进行初步组织和呈现的结果。在这一过程中，数据被转化为常用信息，以便各方团队成员更好地理解建筑项目的不同专业需求。

知识层（Knowledge）：在实现 BIM 信息基本交互和交付的前提下，为了促进跨学科的知识共享，可以进一步面向知识管理应用，对 BIM 信息进行智能化索引和计算。团队成员可以通过共享的 BIM 模型，按照项目管理的需求获取专业知识，捕捉信息实体之间的关系，更好地进行智能化决策。

智慧层（Wisdom）：通过数据、信息和领域知识的集成，BIM 应用体系可以作为数据融合、信息交换和知识管理的核心平台，为项目参与者提供建筑管控和更高层次的决策参考，结合场景多元需求，实现更具可持续性的解决方案。

由此可知，BIM 的核心要素相互关联，为建筑行业的各个阶段提供了全面的支持。BIM 不仅仅是一个技术工具，还是一个促进知识共享和协作的平台。此外，BIM 工作流程本身也是数字化工程项目管理流程的重要部分，根据 ISO 19650 中的内容[8]，其主要涵盖以下方面：

确定项目需求并制定信息交换要求：项目委托方确定项目的信息需求（包括项目目标、应用范围等），在此基础上制定信息交换要求，包括不同阶段的信息传递要求、模型要求等，发给潜在的项目参与方。

制定并更新 BIM 执行计划 ❶：潜在的项目主要承包方制定 BIM 执行计划，

---

❶ BIM 执行计划是指在建筑项目中应用建筑信息模型技术的详细实施策略和步骤。

将其与其他招标单位和资源的信息一起整合提交，并在项目过程中不断更新执行计划，以反映项目的变化和新的信息需求。

应用 BIM：项目团队按照 BIM 执行计划，在各个阶段应用 BIM，包括创建 3D BIM 模型（包含建筑、结构和机电设备）、4D BIM 模型（包含碰撞检测和进度管理等功能）等。在这一过程中，各参与方需遵循 BIM 执行计划中的信息交换要求和协作要求，确保项目信息的有效传递和共享。

BIM 交付与验收：在交付阶段，按照 BIM 执行计划和信息交换要求，项目团队提交项目信息、模型和相关文档给委托方。委托方根据验收要求和标准，对 BIM 模型和项目其他信息进行审核和验收。

遵循以上 BIM 工作流程，不仅能够提高设计、管理效率和质量，实现基于 BIM 的设计交付，还可以在后续的数字化应用中使用标准化 BIM 数据进行资产运维管理。

1.3 从 BIM 到 openBIM

在建筑及基础设计项目的实施过程中，不同的参与方在方案设计、施工图设计、施工、运维等不同阶段对数据交换的格式和内容有不同的要求。所涉及的数据既有传统的数据格式，也有基于 BIM 技术的数据格式，如 Autodesk 的 ".dwg" ".rvt" 数据格式，Bentley 公司所开发的软件 MicroStation 的 ".dgn" 格式，还有其他通用的数据格式，如 ".pdf" ".xlsx" 等（表 1-2）。

表 1-2　常见数据格式在建筑 / 基础设施领域的标准化使用情况

是否已标准化应用方式 \ 数据格式	.dwg	.dgn	.dwf	.pdf	.ifc	.rvt	.iam/.ipt
三维模型	是	是	否	否	是	是	是
工作制图	是	否	是	是	否	否	否
交付图纸	是	否	是	是	是	否	否
进度表单	否	否	否	是	否	是	是

项目实施过程中的数据应用涵盖了数值分析、施工进度模拟、三维模型数据的提交，以及面向业主和建设单位要求的设计结果数据呈现等，对数据的需求也多种多样。这些数据通常以二维形式为基础，三维设计模型作为强有力的补充，使建筑项目管理更直观和有效。为了确保项目实施过程中数据的有效和准确管理，在项目开始前就明确各个应用在数据交换方面的具体需求是至关重要的：这涉及将 BIM 应用的数据交换格式细分为不同类别，如按建筑功能、项目阶段、专业分工、人员以及工程组件等进行分类，从而确保在面向特定应用领域时，能够满足不同层级和精度的数据交换要求。

针对数据信息传递和交换的相关问题，国际标准组织 buildingSMART International 提出了信息交付手册（Information Delivery Manual，IDM）和模型视图定义（Model View Definition，MVD）概念[9]。IDM 的方法体系框架由项目流程图（Process Map，PM）、交换需求（Exchange Requirement，ER）和功能部分（Functional Part，FP）组成[10]。项目流程图定义了需要创建和交换的信息，可以用于制定一个或多个专业领域的工作流程和详细任务。功能部分则将上述信息链接到特定数据模式中正确的实体，以便后续生成软件解决方案，这一过程也是开发制定 MVD 的关键步骤。截至目前，IDM-MVD 的开发过程在软件环境和领域专业需求捕捉等方面仍然复杂耗时[11]。随着标准的更新，可以使用信息交付规范（Information Delivery Specification，IDS）来明确不同场景中对象、分类、属性、数值和单位的交付或交换方式，以得到更为详细的信息交付需求。并且 IDS 可以结合数据模式以及国家标准、地方或企业特定标准，服务于软件平台，确保管理者从 BIM 中获得正确的信息[12]。

面对数据格式和应用需求复杂化、多样化的现状，为提高 BIM 的应用效率和准确性，相关概念、标准的融合便成为必然趋势，openBIM 即"开放建筑信息模型"理念应运而生，其核心是使用开放的数据模式和标准，使不同软件和系统能够共享和交换数据。openBIM 是建筑行业中一种基于开放标准的建筑信息模型应用体系，旨在提高建筑工程全生命周期过程中不同软件工具、平台之间的互操作性。openBIM 的这种开放性有助于提高项目的协同性、降低信息交流的成本，并促进建筑项目的可持续发展和创新。

openBIM 作为对 BIM 的进一步扩展应用，同样由 buildingSMART International 引领，由一系列概念、方法与标准构成。这些概念包括底层基础数据模式——工业基础类（Industry Foundation Classes，IFC）数据模式、国际字典框架（IFD），以及用来"捕捉并定义全生命周期中的流程与信息流"的信息交付手册（IDM）（图1-1）。随着openBIM方法的逐步完善，通用数据环境（Common Data Environment，CDE）❶等概念的出现进一步增强了BIM的数据共享和管理能力，能为项目提供统一的模型数据存储和管理环境。

因此，从BIM到openBIM的发展可以被视为从闭合系统到开放系统的转变。openBIM通过采用开放标准和协议（如IFC数据模式和多元化的应用程序接口），实现不同建筑工程软件和平台之间的数据交换集成。这一转变使得建筑信息模型可以在更广泛的范围内共享和利用，从而促进跨学科信息共享。

为了描述openBIM体系中数据信息共享的程度，业界引入了"BIM成熟度"的概念。图1-2结合"数据-信息-知识"体系，对BIM成熟度的不同层次进行了表达。

在BIM成熟度的表达中，基于对象的阶段侧重于创建和管理建筑元素（如墙、门、窗等），每个元素都带有相关的属性信息。在这个阶段，BIM主要用于设计和施工过程，但缺乏有效的跨学科合作和信息共享机制，其促进跨学科合作的潜力尚未被充分发掘。

随着openBIM方法的成熟，在基于模型的阶段，它可以依靠CDE为项目参与者提供统一的项目模型数据存储和管理，从而提高了信息交换的一致性，同时使跨学科协作成为可能。CDE作为一个集中的数据存储和管理平台，用于管理项目模型、文档等，使不同专业和利益相关者可以在同一个平台上访问、共享和更新模型数据。在这一阶段，BIM允许项目团队管理包含多个学科信息的数字模型，协调跨学科工作活动，提高项目交付的效率。

基于网络的阶段则是BIM发展的更高层次。在这个阶段，建筑模型和相关数据不仅在CDE中存储和管理，还可以通过标准化的网络协议进行共享和更新。这意味着各种软件和系统都可以通过网络对建筑模型数据进行实时访问和交换，从而实现更加高效和实时的跨学科合作。此外，基于网络的BIM系统还可以与其他建筑管理系统集成，如资产管理系统、设备监控系统等，实现建筑全生命周期的数字

---

❶ 通用数据环境用于在建筑项目中集中存储和管理所有项目数据和文件，促进协作和信息交流。

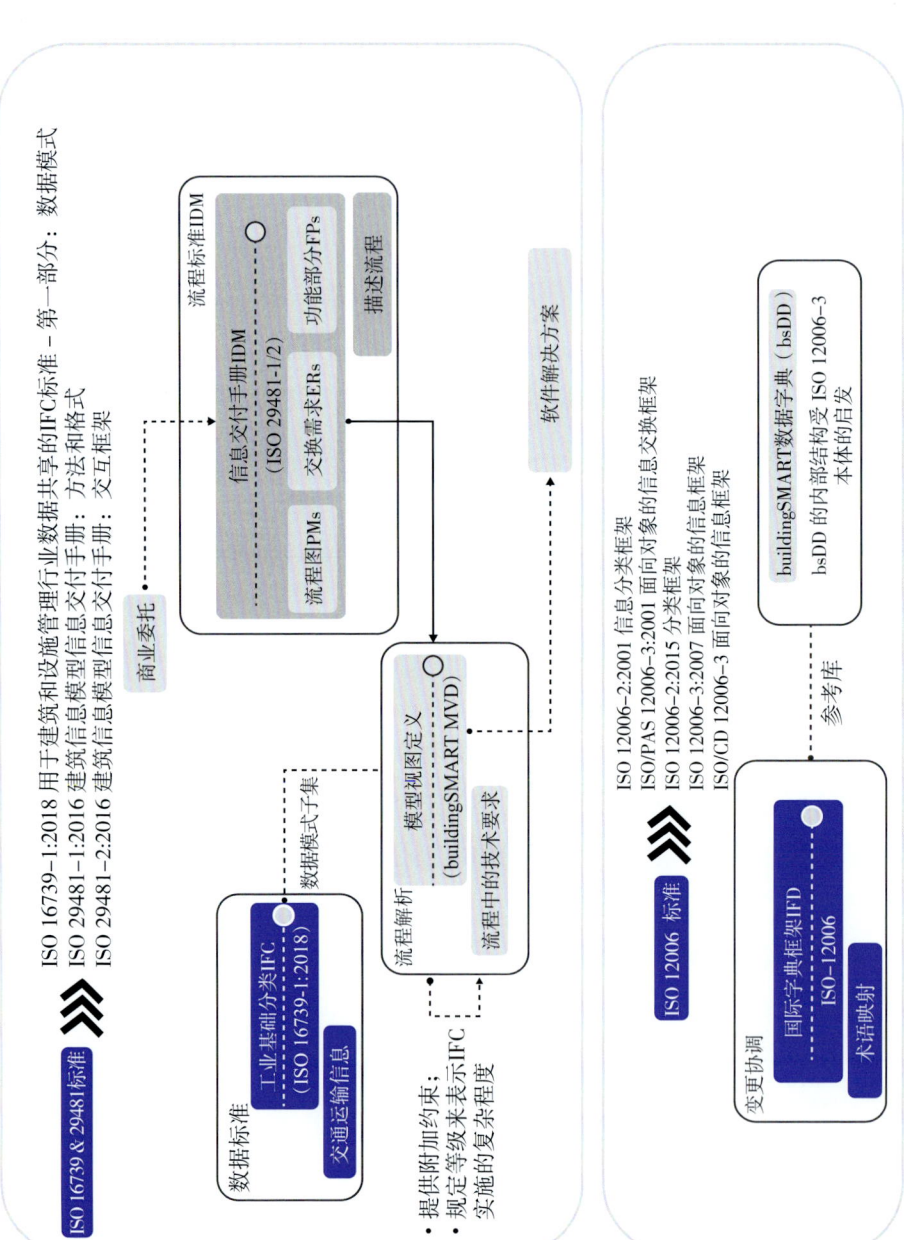

图 1-1 openBIM 体系中的重要概念及其关系[13]

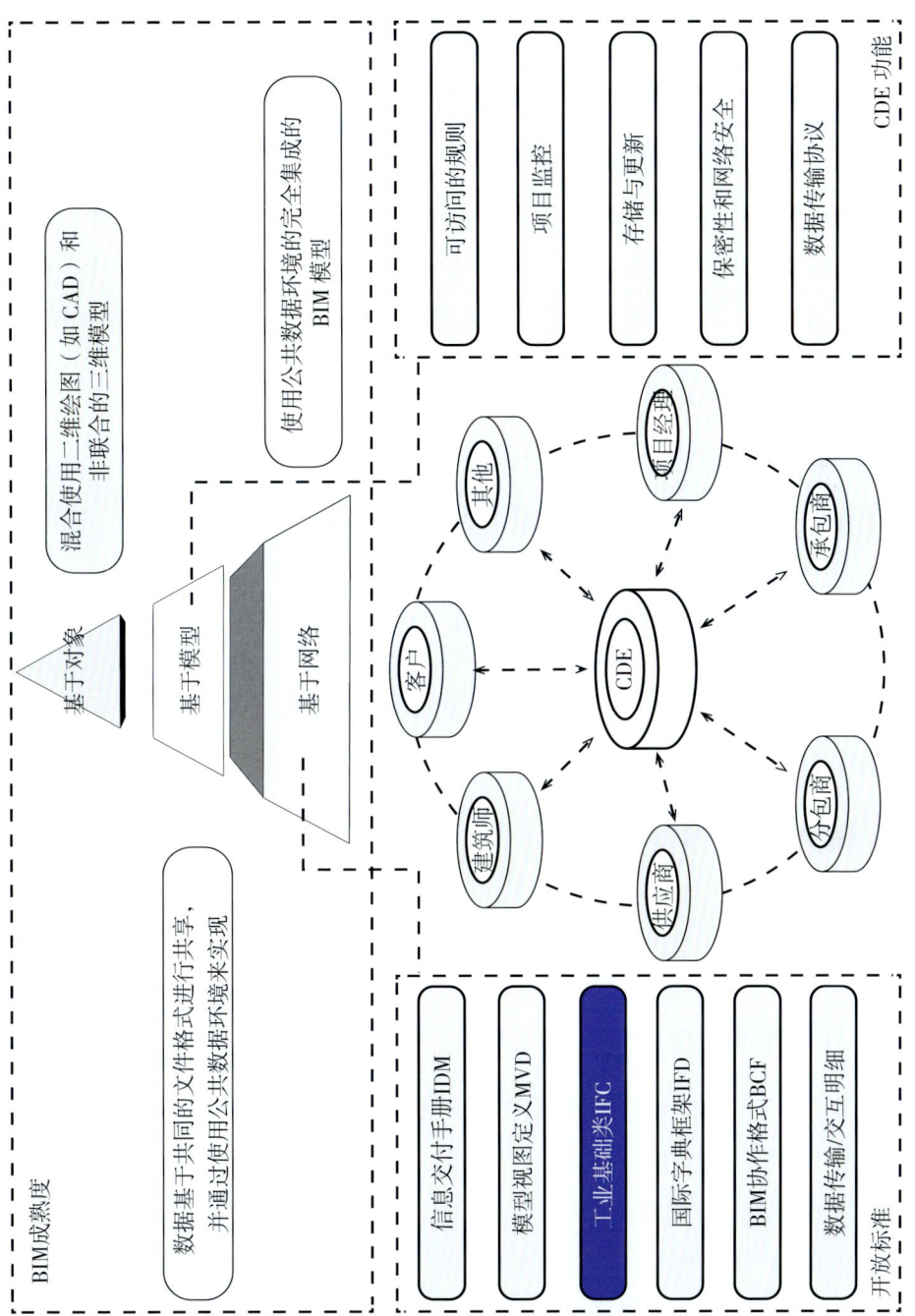

图 1-2 openBIM 的组成与 BIM 成熟度表达

化管理和优化。

总体而言，随着技术的进步，openBIM 为建筑和基础设施类项目提供了一个更高效、协同的工作环境，确保了数据的一致性、可靠性和准确性。随着 openBIM 方法的逐渐完善，项目的所有参与者，从设计师、工程师到承包商和业主，都能够从中受益，因为高成熟度的 openBIM 应用为跨学科的团队合作提供了平台，允许他们实时共享和更新信息，从而减少由数据不一致或过时导致的错误和延误。随着更多支持 openBIM 标准的行业工具和解决方案出现，项目团队能够选择最适合自己特定需求的工具，而不会受限于某个特定的软件或平台。这种灵活性将确保项目从概念设计、施工到维护运营的每一个阶段都可以实现最大效率和价值。

总之，openBIM 不仅为建筑和基础设施行业带来了创新，还为发挥建筑信息模型的全潜力铺平了道路。更多的组织和企业已经开始认识到这一点，并积极采纳 openBIM 方法，合理地按照 BIM 成熟度的路线提升数字化应用水平。

1.4　openBIM 开放标准体系

本节基于 openBIM 体系和 BIM 前沿研究成果，从数据应用、信息交换和知识管理三个角度概述 openBIM 开放标准体系的主要内容。

1.4.1　通用数据标准体系

BIM 通用数据标准体系主要是为了实现不同软件之间数据的互操作性，是在建筑项目全生命周期中实现有效信息共享和管理的前提，主要包括以下几个部分。

1.4.1.1　数据模式

数据模式用于 BIM 的数据表示和交换，现已逐渐从建筑领域向市政工程和交通基础设施领域延伸，以 IFC 为主体。作为首要的开放 BIM 数据交换标准，IFC 通常被归纳为一个常用的交换数据格式，然而其本质是一种数据架构模式，而不是单纯的数据格式。IFC 包含三个对细部数据进行描述的 ISO 标准，分别是：①基于 ISO 10303-11 的 EXPRESS 描述语言，用于定义对象属性；②遵循 ISO 10303-21 的编码建立方法及交换格式；③基于 ISO 10303-28 的 XML 表示方法。

IFC 是对建筑工程和施工（Architecture，Engineering，Construction，AEC）领域中建筑及建成环境重要信息实体的数据表示集合。它本身亦是可扩展的，用于软件应用程序以及平台之间的信息交换。IFC 基于 ISO 10303-21[14]，将建筑语义和几何信息以有向无环图的结构进行表示，并可以序列成文本行，用于数据存储、传输，以及在软件应用中导入和导出建筑对象及其属性。同时，IFC 基于 EXPRESS 描述语言定义的实体关系模型，包含基于对象的继承层次结构，其所能定义的对象可以从建筑物拓展到制造业产品、机电系统等多种实体组件，以及更抽象的结构分析模型、能源分析模型、成本分解、工作计划等。通过促进供应商、设计方、施工方和运维方之间的数据协同，IFC 可通过数据接口在广泛的设备、软件平台之间进行读写转化。在数据的构建、储存和传递方面，IFC 可以用于索引和归档。总体来说，目前基于 IFC 的 AEC 数据模式具有智能化、可扩展性强以及通用性广泛等特点。

自 1997 年 1 月发布 1.0 版本以来，IFC 至今已经历了 6 次主要的改版，其中 IFC 2x3 是目前市面上大多数的 BIM 软件支持的版本。IFC 为了能够完整地描述工程中的所有对象，透过面向对象的特性，以继承、多态、封装、抽象、参照等各种不同的关系来描述数据间的关联性。当下 IFC 4x3 也已经为常见软件所支持，随着语义技术和人工智能技术的发展，新的 IFC 版本（IFC 5）将集成更多建成环境领域的概念。

如图 1-3 所示，IFC 以项目本身作为根节点，确立了整个项目的分级层次体系，为 BIM 模型的构建提供了一个框架。在这个架构中，存在两种主要的结构划分方式：一种是按照空间划分结构，即将模型中的各个对象根据其所占据的物理空间位置进行组织；另一种是按照功能划分结构，即将对象根据功能组织成不同的系统。这两种结构都由独立的组件构成，每个组件既包含用于三维可视化的几何图形，也携带了丰富的属性信息，这不仅使得各个组件能够被可视化，还为后续信息管理提供了坚实的基础。更进一步，这些组件可以根据其类型被转化为通用的、可重复使用的格式或模板，使其几何形状和属性能在整个项目系统中被定义并共享，进而提升数据管理效率，并实现跨领域的信息互通。

除此之外，在 IFC 的元数据结构中，还设计了用于定义数据对象间关系的实体。这些关系实体不仅仅是简单的数据链接，还为项目数据提供了更深层次的语境和逻辑联系，这使得数据的理解和应用变得更直观、更有意义。

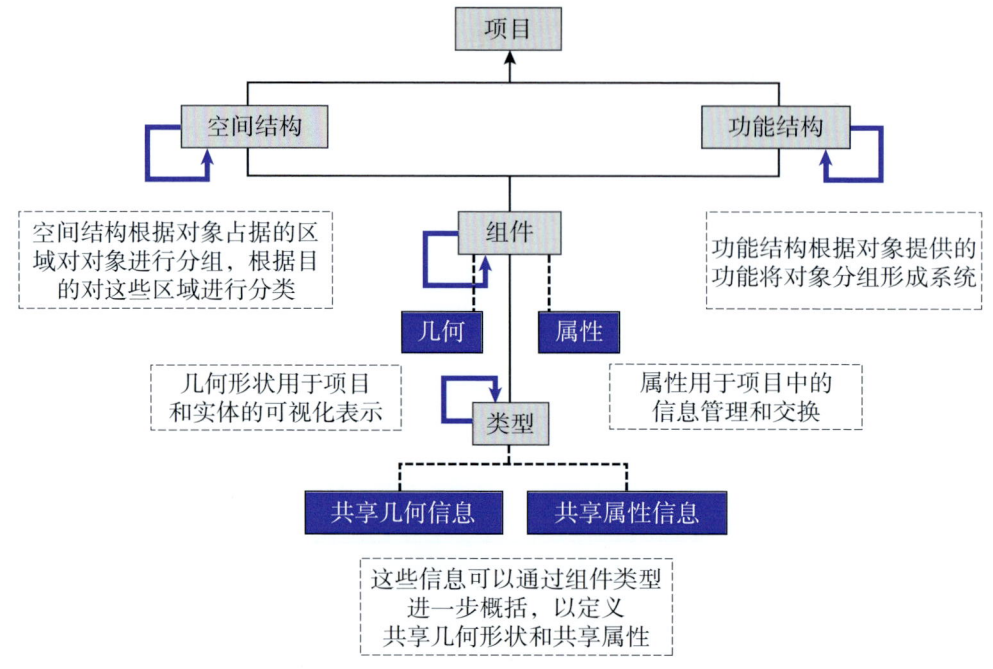

图1-3　考虑空间和功能的典型IFC架构

综上所述，IFC数据架构模式不仅支持了基本数据对象的定义，还为复杂的数据关系表达和信息交换提供了坚实的基础，使openBIM能够支持项目从概念到实施，再到后期管理的全生命周期信息管理。

1.4.1.2　数据协作和通信方法

BIM协作格式（BIM Collaboration Format，BCF）用于在不同BIM应用之间共享和协调信息，支持跨应用程序的问题跟踪和协作[15]。它本身是开源的，主要用于创建问题（如设计错误和元素冲突等），并将问题以共享视图、元素选择、用户注释等形式进行存储和交换。BCF文件创建后可以被编辑和更新，并直接导入其他软件（而不需要共享整个BIM模型），供用户查看问题并提供反馈，从而逐步解决设计上的问题。

1.4.1.3 词汇和语义

BIM 中的词汇和语义一般由国际字典框架（International Framework for Dictionary，IFD）定义。IFD 提供了统一的方式和语言来描述和管理 BIM 中的对象和属性，以便在全球范围内进行有效的数据交换和协作，是用于组织和管理建筑和建设行业数据的标准方法[16]。IFD 本身也是开放的国际标准 ISO 12006 中的一部分。

1.4.1.4 产品数据模板

产品数据模板（Product Data Templates，PDTs）用于规范化建筑产品数据，使不同制造商能够清晰一致地描述产品[17]。

1.4.1.5 数据应用格式或方法

由于需要面向不同的专业领域，BIM 数据拥有多种应用格式，如面向能源管理和绿色建筑设计的 Green Building XML（gbXML），它是绿色建筑设计领域的互操作性数据模型，用于实现建筑环境设计软件和工程分析工具之间的数据交流[18]；还有面向城市和景观模型数据构建的 CityGML，它可以存储和管理城市和景观模型信息，表示建筑、地形、水体、植被等不同城市元素的数据应用标准[19]。

目前，已经有许多成熟的数据应用方法和标准模板在建筑和基础设施建设的不同阶段和场景中投入使用，并能够在成熟的软件应用平台上实现不同数据模式、数据格式之间的转化，它们共同构成了目前的 BIM 数据标准体系。

1.4.2 信息交互体系

BIM 信息交互体系是建筑项目中所有相关参与者（如建筑师、工程师、承包商、业主等）实现信息共享、交流和管理的技术框架，涵盖了从项目的早期概念设计阶段到施工，再到运营维护阶段的所有信息交换过程。相较于数据应用标准体系，信息交互体系更侧重于面向跨阶段、跨专业的应用场景，除了要考虑底层的数据模式、数据格式、协作工具和模型构建标准外，更侧重于构建信息管理和高度集成化的工作流程，用来指引 BIM 使用方实施项目管理。

以 ISO 19650 建筑信息模型系列标准以及 ISO 29481 信息交付手册系列标准为例，可总结出 BIM 信息交互体系主要包含以下重要内容。

1.4.2.1 BIM 应用的原则

BIM 应用原则是对如何建立、管理和使用 BIM，以及如何在项目全生命周期内进行信息交换和协作所作出的规定。要建立 BIM 应用原则，需要在项目策划阶段就相对详细地确定 BIM 在规划、设计、施工、运营和维护等不同阶段的应用水平和程度。

1.4.2.2 BIM 信息交互的内容

在资产交付阶段，BIM 信息交互重点关注信息管理方法和流程，包括如何创建、修改、审核、批准、共享和存储信息，并且考虑 BIM 数据的管理环境（如 CDE）的应用和准则等，确保所有项目参与者都能访问和使用最新、最准确的项目信息，从而提高信息交互效率和准确性。

在资产运维阶段，BIM 信息交互重点关注设施管理、建筑资产管理、维护计划等方面，旨在通过提供清晰的管理准则和方法，确保资产运营和维护能够有准确、及时、完整的信息可用。

1.4.2.3 信息交互方法

与数据应用标准相契合，包括如何定义和使用数据字典（以确保信息能够在不同的软件和平台之间进行有效交换），以及如何使用项目交付和设施管理数据标准[如通用性强的 COBie（Construction Operations Building information exchange，一种面向工程运维的信息交换标准）]来捕捉和传递建筑数据[20]。

1.4.2.4 信息安全管理

项目信息管理方需保护项目的敏感信息，防止非授权访问，从而保证信息交互过程的安全性，故而安全性管理是 BIM 信息管理的重要内容之一。其他重要信息管理内容还包含健康与 BIM 施工作业安全管理等。

1.4.2.5 信息交互与模型数据交付

信息管理和交互可依据已有的国际标准体系框架，如 ISO 19650 等标准均可用于指导如何在 BIM 中管理和组织相关信息，以及如何在项目各个阶段和不同参与者之间共享和交换这些信息。模型数据交付则主要依赖 IDM 和 MVD，它们为模型交付提供了一个清晰的应用模式。IDM 在交付过程中定义了项目信息需求获取和表达的方法，它用于描述从 BIM 模型和项目信息中获取什么信息，以及在哪个阶段获取，使得信息的收集、管理和交付更加高效。MVD 是 BIM 模型的一个子集，它包含满足特定需求的信息，在定义了信息需求的前提下，它可以使用这些需求来创建一个或多个特定的模型视图。在模型信息管理过程中，合理应用信息管理和交互方法可以确保参与方协同工作，使得过程更加高效。

1.4.2.6 BIM 信息交互中数据的获取

BIM 数据的获取是实现自动化信息交互的重要内容。IFC 作为一种中立通用的数据交换格式，提供了一种标准化的方式来组织和描述建筑信息模型，因此在 BIM 信息交互的数据获取中扮演着关键角色。通过对 IFC 格式信息的提取，可以实现对建筑项目中各种元素、属性和关系的自动化访问和解析。这种信息提取不仅有助于实现不同 BIM 软件和工具之间的无缝交互，还为数据分析、可视化和决策支持等深度数据应用提供了基础。

在面向 IFC 的数据获取中，IFC 4 架构作为目前较为全面的 BIM 数据架构，提供了一个标准化且被广泛认可的数据模型架构，有助于确保所提取数据的一致性。IFC 的数据获取可以利用现有的工具库开发"按需提取"工具，简化表达数据访问过程，使用户可以根据需求高效地提取 BIM 数据。这一方法不仅提高了 BIM 工作流程的灵活性，也为未来可能的扩展应用提供了基础。

在数据获取方面，IFC 模式的灵活性使其可以以多种方式映射同样的信息。这主要取决于使用者的数据管理决策，特别是因为在 IDM 或 MVD 的交换要求中，信息单位之间没有逻辑清晰的连接[21]。IFC 的设计并非只是为了从 BIM 模型中提取数据和挖掘信息，而更多是为了将有效信息按照标准化的方式交付给用户，目前数字模型的评估应用也正向 IFC 兼容发展，这也证明了其应用价值。然而 IFC 并不能涵盖评估场景所需的所有信息实体，因为评估不仅需要从 BIM 环境中获取大量数据，还需要从其他类型的关联数据库中进行数据获取[22]。所以，IFC 需要其他技术的提升或进一步融合多元模式以提升其性能，从而使计算机领域的技术与 BIM 模型实现更高程度的协同，例如使用语义网❶技术就可以通过逻辑推导来丰富 IFC 模式的用途。

1.4.3 知识管理体系

近年来，知识管理在项目全生命周期管理中正变得越发重要，已成为建筑、工程管理、信息管理、计算机科学等多学科重视的热门研究领域。面向建筑工程项目的知识管理可以帮助项目组织方和决策方更好地构建和管理项目领域知识体系，并将建筑真正转化为可重复使用的数字资产。

早期的知识管理技术研发主要旨在帮助理解知识管理策略对业务的影响，例如：通过结构化的方式来定义知识管理问题和制定策略的工具；通过基于活动/行为的知识管理系统来捕获建造施工过程生成的知识；通过应用型知识图谱来捕获和复用施工项目中的知识；运用基于网络的知识管理系统来"实时"捕获知识；等等。同时也有大量研究集中在建筑设计到建造过程中人的状态，用于识别施工组织中基于经验的有效管理方案。

随着数字资产的积累，在人工智能等新兴技术的冲击下，建筑企业对知识管理的需求逐渐加大，有必要继续挖掘其在实际项目或工作场景中的应用价值。在这方面，本体和语义网技术在 AEC 领域知识管理中的作用非常显著，可以帮助定义领域内的主要概念以及这些概念之间的关系，采用有效方式组织、理解和利用大量的 AEC 项目数据和信息，使计算机在能够理解和响应人类语言方式的同时，提高检索和查询的精度，通过构建领域语义知识模型，关联所需数据，实现有效信息的查找、逻辑推理和集成。目前这一方法体系开始出现在优化设计[23]、资产管理[24]、古建筑遗产保护[25]、风险管理[26]、价值评估[27]、规范审查[28]、工程量[29]和造价计算[30]等研究领域。从 BIM 的角度来看，在面向不同设计方案涉及的不同领域知识时，需要整体的、可扩展的、考虑数据特征并适配场景网络和物理数据流的协

---

❶ 语义网技术通过为网络数据添加标签和结构，使其更容易被计算机理解处理，也对用户更为友好。

调方法，因此本体和语义网技术可以为 BIM 知识管理体系提供有力支撑，使 BIM 能够提供跨领域、跨专业的解决方案。

现阶段，BIM 的知识管理技术应用模式可以概括为：针对领域知识构建应用型知识库或知识图谱，将知识本体整合为一个包含项目真实信息的知识架构，如成本、文档和应用指标等。在客户授权下，终端用户（即专家团队或决策单位）可以使用软件平台编辑并以语义形式执行知识管理中的应用规则。在执行中，知识库本身与不同的信息交换需求相关联，这些需求以计算机可读写、可编辑的形式呈现。管理者或知识工程师可以在标准指导下及时修改和更新这些规则，最终通过功能模块，实现知识库中规则的智能化、自动化处理。近年来，出现了一系列旨在优化 IFC 数据与网络本体语言❶的融合应用的研究，表明这一方向逐渐得到了不同专业领域的重视[31]。在此基础上，多种方法被开发出来，用于筛选特定领域的信息[32]。

当下，尽管以中央 BIM 数据库为基础的协作平台已经存在，但模型的不断调整和新增将使 BIM 知识管理变得更复杂，可能影响数据共享的效率。未来，为了使 BIM 更好地服务于领域知识管理，应着力开发更加高效、准确和统一的数据交换方法，并提高建筑信息技术及其与其他学科方法的集成程度。

1.5 openBIM 的核心内涵：互操作性、开放性与可持续性

1.5.1 互操作性

随着各种设计工具出现带来的信息量激增，数据交换面临挑战，这也使得项目决策过程变得更加复杂。openBIM 作为一个全球建筑行业倡议，其目标是支持建筑工程全生命周期的开放标准及工作流程，提高互操作性。互操作性（Interoperability）是指在不同学科和利益相关者之间无缝交换数据的能力，它构成了项目管理技术层面的一个核心要素。这种能力不仅对建筑项目的持续维护和更新十分关键，而且在整个项目生命周期的每个阶段都发挥着重要作用。随着新技术的发展，互操作性得

---

❶ 本体是一种用于表示特定领域知识的形式化模型概念，它定义目标领域概念、属性以及它们之间的关系等；网络本体语言则是一种用于创建本体的标准化语言，用于定义和实例化网络上的本体，以实现数据共享和重用（reuse）。

到了更加深入和广泛的应用与解释。

针对互操作性的相关研究将其内涵进行了多层次的细化和分类。一种常见的分类方法是将互操作性划分为三个主要层面：技术层面、语义层面和组织层面。技术层面涉及不同系统和应用之间的兼容性和互通性，即通过采用不同的技术和工具来实现系统间的有效交流，包括确保各种软件和硬件平台能够无缝交互和协同工作，从而促进数据的流动和整合。语义层面强调数据和信息的意义与上下文的理解和共享，包括对常用词汇和概念的理解和共享，以帮助促进项目参与者之间的信息交换和共享，这要求操作系统具有一定的开放性，以便不同来源的数据都能够被准确理解。语义层面的信息分类模型包括联合模型（Federated Model）、统一模型（Unified Model）和主模型（Master Model）。联合模型基于单一共同参考模型，统一模型通过使用开放标准如 IFC 进行信息交换，主模型则采用专有信息模型数据库。组织层面则关注不同组织之间的协作和流程管理。

此外，有些研究将互操作性进一步细分为四个级别。这种分类更详尽地阐释了互操作性的不同方面和深度，从而为不同类型的项目提供更具体的指导和框架[33]：第一级旨在提供软件工具之间的文件交换；第二级关注文件的正确解析交换，以实现应用扩展；第三级聚焦于交换模型在不同工具、平台中的可视化；第四级关注丰富模型的语义信息，这是最关键的一个级别，它需要理解交互模型背后的意图，并考虑数据一致性以避免数据丢失。

通过以上不同的分类方式可以看出，互操作性水平与 BIM 系统的开放性及业务集成效率息息相关。

1.5.2　开放性

开放性是 openBIM 的核心内涵之一，它体现了一种开放式的建筑全生命周期的生态系统和合作模式。在 openBIM 中，开放性不仅仅意味着技术上的开放，还包括对标准、数据格式和协作流程的开放。这种开放性有助于建筑行业内部和外部的创新和合作，可以快速捕捉行业数据和信息的技术方法和范式，加快建筑信息化的发展。

开放性在技术层面上体现为采用开放的标准和格式，如 IFC、COBie 等，这些标准为不同软件和系统之间的数据交换提供了共同的语言和分类框架，使得建筑项目各个阶段中使用的工具和技术能够无缝集成和协作。其次，开放性还体现在行业合作和知识共享的层面，鼓励建筑行业的各方参与者（设计师、承包商、业主等）与软件开发者开展合作，促进知识共享和开放式创新。

1.5.3 可持续性

可持续性是 openBIM 的另一个核心内涵，它强调数据对于建筑全生命周期内可持续发展的作用，涉及城市环境、社会和经济等方面，旨在通过提供数据集成、跨学科协作和信息共享等功能，促进建筑项目的可持续设计、施工和运营。具体表现在以下方面：

首先，openBIM 方法能帮助整合建筑项目中各个阶段的数据和信息，支持可持续设计和规划。例如，在设计阶段，建筑师可以通过标准化的 BIM 数据库模拟建成环境的光照、通风条件和热舒适性，并进一步进行能耗模拟分析，以优化建筑能效，同时预测其经济和建造可行性。其次，openBIM 可以通过支持跨学科协作，使各个专业团队可以在统一的 BIM 平台上共享和协作，实现施工过程中的协调与优化，还可以通过 openBIM 中的数据管理方法优化方案的材料选择和资源利用，从而减少浪费、提高效率、降低施工对环境的影响，实现建筑项目的可持续施工和建造。最后，openBIM 还为建筑运营和维护提供了支持，有助于实现建筑的长期可持续性。例如通过将建筑信息模型与设施管理系统集成，运营团队可以实时监测建筑的运行状况，并进行预防性维护，延长建筑设施的寿命，减少能源浪费和维护成本。

随着 BIM 技术的快速发展，目前全球越来越多的国家和地区已经认识到 openBIM 的重要性，并开始积极地将其应用于数据管理和信息传递中，旨在提高建筑项目的效率和协同工作的质量。在欧洲，为了响应这一变革并促进 BIM 技术的广泛应用，欧盟委员会特别制定了一个旨在推广 BIM 和 IFC 技术的战略计划[34]。此计划不仅为欧洲各国的建筑行业提供指导，还为其他地区树立了标杆。北美地区也不甘落后，尤其是美国和加拿大，两国政府均明确要求，政府建筑项目必须使用 openBIM 的信息交换格式（如 COBie），来确保设备和设施资产信息的准确交付和管理[35]。这样的做法进一步提高了行业信息的透明性和整个项目的效率。在 BIM 应用迅速崛起的亚太地区，新加坡和韩国在应用与 BIM 系统相关的数据模型和方法方面取得了领先地位[36]，这两个国家的建筑行业对 BIM 技术的理解和应用已较为深入，并获得了显著的效益。

openBIM 尽管为多个行业和领域的合作带来了巨大的潜力，但也带来了一些挑战。例如，openBIM 互操作性的实现要求各方必须在技术和流程上进行协同，这对标准化数据转换提出了不小的挑战[37, 38]。

很多学术研究专注于应用和拓展 openBIM 方法来加强数据传输效率，如构建应用框架来管理建筑和结构学科之间的信息交换[39]，这一方向的研究往往因缺乏统一的方法导致不同学科之间的数据交换受限，进而导致整合性的问题；同时，有的研究方法致力于开发基于 openBIM-IFC 的模型转换工具，旨在提取所需信息以形成结构模型[40]，有的研究方法在互操作性层面提出了统一的数据模型，并基于 openBIM 和算法开发网络平台[41]；另外也有研究方法以建筑视图为基础，将建筑模型转换为结构分析模型[42]，以解决建筑和结构模型之间的互操作性问题。大部分针对 IFC 的研究侧重于如何完整地提取或利用其语义内容，有研究指出，当前已有一系列算法采用预先指定的建筑元素作为输入，可以在不依赖数据结构的前提下提取部分 IFC 模型的信息[43]。该研究认为，如果提取算法可以在不丢失任何数据的情况下保持一定的语义关系，那么无疑它是提高数据获取效率的一种可行途径。这些研究强调了使用通用数据模型的重要性，强调数据模型应该是标准化的。在以上相关的研究中，探讨如何向其他下游流程提供信息的研究还相对较少。

2

AI 与 openBIM

BIM 数据包含了丰富的建筑信息，包括建筑结构、构件属性、空间关系等。日新月异的 AI 技术，为进一步深度利用建筑数据信息、产生更高效和智能的建筑行业解决方案提供了更多可能。本章将主要介绍两种 AI 技术与 openBIM 体系结合应用的可能，即以集成学习为代表的机器学习算法，以及本体知识模型和语义网技术。将这两者与 BIM 数据架构相结合，可以实现更加智能化的项目决策、方案设计、施工管理和设备运行等方面的应用。此外，将这两种技术结合运用，也可以进一步提升各自的应用效果。

2.1　机器学习与集成学习

　　机器学习（Machine Learning）作为 AI 方法体系的重要内容，专注于利用数据和统计技术，使计算机系统能够从经验中学习，改进和发展自身的性能，而无需明确地进行编程，已在如自动驾驶、搜索引擎、邮件过滤和在线广告投放等众多领域得到应用。机器学习方法可以随着时间的推移，通过对数据的持续处理和分析，来不断提高系统执行任务的效能，这一过程涵盖了数据处理、模型构建和算法实施等步骤（图 2-1）。

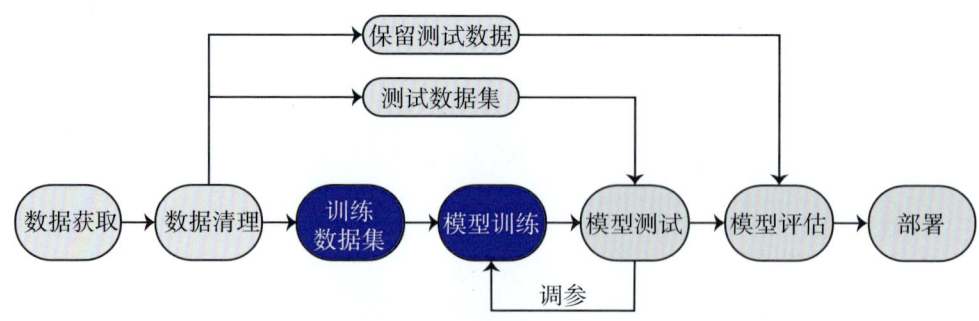

图 2-1　机器学习的一般流程

数据是机器学习模型的基础，模型的训练则基于应用场景中特定的性能标准展开。一个典型的机器学习过程通常包括提供训练数据、定义模型的性能目标、提出学习算法来描述目标函数，以及根据特定的性能标准来实现函数的逼近。机器学习任务通常可分为监督学习（如数据分类或回归预测）、非监督学习（如数据的聚类或关联分析）及强化学习（通过设置奖励或惩罚机制来指导学习过程）。监督学习"教"会计算机如何根据已知的数据标签和目标输出进行预测，适用于图像分类、语言翻译等领域。非监督学习帮助计算机自行发现数据中的模式和关系，适用于聚类、检测等任务。强化学习则使计算机通过与环境互动来学习最佳行动策略，适用于自动驾驶、游戏开发等领域。

集成学习（Ensemble Learning）作为集合以上不同学习类型的一种通用范式，旨在通过结合多个基础模型的预测结果以获得更好的整体预测性能。在集成学习中，多个基础模型可能是同质的（使用同一种类型的算法，如决策树）或异质的（使用不同类型的算法）。将不同类型的机器学习模型与集成学习结合使用，可以提高原本模型的性能，例如对于监督学习，可以构建多个不同的监督学习模型来综合它们的预测结果，以提高分类或回归任务的准确性。

集成学习的应用过程涉及训练多个基学习器（Base Learner），并以一定的方式将它们结合起来。其中，Bagging（Bootstrap Aggregating，中文又称为装袋算法）和 Boosting（提升算法）是两种主要的集成学习方法。在 Bagging 中，基学习器是同时且独立地训练的。每个基学习器都在从原始数据集中随机抽样得到的新数据集上进行训练，这个步骤被称为数据重采样，其目的是确保不同基学习器能使用不同数据进行训练，从而提高整个集成学习模型的多样性。Bagging 方法通常用于减少模型预测的方差，尤其适用于那些容易受到数据波动影响的学习器，如神经网络模型等[44]。而在 Boosting 方法中，基学习器是按顺序逐个训练的。每个基学习器的训练依赖于前一个基学习器的表现，会关注前一个基学习器处理不好的样本。这种方法可以增加模型对难以分类的样本的关注，从而减少偏差。Boosting 方法通常用于提高模型的准确度，尤其适用于数据偏差较大的情况[45]。

总的来说，集成学习通过结合多个学习器的力量，可以创建比单一学习器表现更强的模型，并通过不同的策略增强模型的稳定性和准确性。下文结合建筑领域的资产评估应用场景，对集成学习方法的应用原理进行简要介绍。该方法在实践中的具体应用过程则在本书第 5 章展开。

在建筑领域，建筑资产评估的重要性越发凸显，其核心任务是根据建筑位置、大小、周边设施和市场动态等多种建筑数据特征，对建筑资产的关键指标数值进行准确预测，具有强大预测性能的机器学习模型和集成学习方法可以为此提供强力支持。近期的研究显示，一些具有强集成特性的模型，例如梯度提升回归（Gradient Boosting Regression，GBR）、梯度提升决策树（Gradient Boosting Decision Trees，GBDT）、随机森林（Random Forest，RF）、极端随机树（Extremely Randomized Trees）等，在资产评估场景中已显示出了优异的应用潜力，其灵活性为建筑资产评估和投资决策提供更强大的计算支撑，进一步拓宽了相关领域管理运营内容的广度和深度。

以梯度提升回归模型为例，它主要包含学习器生成和模型应用两部分，构建详细的过程以如下算式表示：

$$T=\{(x_1, y_1), (x_2, y_2), \cdots, (x_n, y_n)\}, x_i \in \chi \in R^n, y_i \in \mathcal{Y} \in R \quad (2-1)$$

$$L(y, f(x)) = (y - f(x))^2 \quad (2-2)$$

$$f_0(x) = \arg\min_\gamma \sum_{i=1}^{N} L(y_i, \gamma) \quad (2-3)$$

$$\gamma_{mi} = -\left[\frac{\partial L(y_i, f(x_i))}{\partial f(x_i)}\right]_{f(x)=f_{m-1}(x)} \quad (m=1, 2, \cdots, M; i=1, 2, \cdots, N) \quad (2-4)$$

$$\gamma_m = \arg\min_\gamma \sum_{i=1}^{N} L(y_i, f_{m-1}(x_i) + \gamma h_m(x_i)) \quad (2-5)$$

$$f_m(x) = f_{m-1}(x) + \gamma_m h_m(x) \quad (2-6)$$

假设有用于场景目标的训练集 $T=(x_n, y_n)$，首先初始化生成针对目标的弱学习器 $f_0(x)$，这同时也是一个初始的常数值预测，是整个模型序列的起始点，通常选择一个非常简单的模型，它为后续迭代提供一个基准。以回归预测为例，$f_0(x)$ 常被初始化为训练数据目标值的平均值等，这个常数值使损失函数 L（对于回归预测，一般为平方差或均方误差）的初始值最小化。在梯度提升的每一轮迭代中，都会加入一个新的弱学习器，以尝试修正前一轮迭代的残差，即真实值与当前模型预测值之间的差异。$\arg\min \gamma$ 表示迭代目标是找到使损失函数之和最小化的 γ 值。

为了得到最优的 γ 值,需要对损失函数相对于之前预测 $f_{m-1}(x)$ 的导数进行计算来得到残差 γ_{mi},γ_{mi} 是为每个单独样本计算的。这个值实际上是负梯度,为我们提供了损失函数可以被最小化的方向和幅度。这种使用梯度来最小化模型上的损失的技术,与通常用于神经网络的梯度下降技术非常相似。其中一个新的弱学习器 $h_m(x)$ 是基于到目前为止学到的整个集成的错误进行训练的,背后的逻辑是产生新的估计量与整个集成的损失函数的负梯度最大相关。最后,基学习器被组合为 $\hat{f}(x)$,通过加权平均方法进行预测。

集成学习的核心优势在于其适应性和可调节性。它允许根据具体的任务需求,从多样的分类器(如线性模型、决策树、基于实例的学习器、贝叶斯方法或规则驱动的算法等)中进行选择,来构建基学习器,并能够针对特定场景自定义损失函数。此外,上文介绍的梯度提升回归集成学习模型还提供了众多的超参数调节选项,包括 Boosting 的迭代次数、学习率(在上文中用 γ_m 表示),以及单个估计器的最大深度,这增强了其应用的灵活性。然而,集成学习模型本质上采用的是贪心算法,这意味着随着基学习器数量的增加,模型可能会迅速产生对训练数据的过度拟合现象。因此,在使用过程中应使用适当的正则化措施,以保证模型具有良好的泛化能力。

在具体的算法策略层面,除了常用的线性算法,也可以使用遗传算法(Genetic Algorithm)❶ 等进行进一步优化。遗传算法在解决多参数优化和非线性问题方面表现卓越,广泛应用于各种复杂场景。其训练过程为:首先为特定问题生成一个初始种群;接着,评估种群中每个部分的"适应度",并从中选择适应度较高的部分作为下一代的"父本"进行传递,通过交叉和变异操作生成新的"后代"(图 2-2)。遗传算法的核心在于精确定义适应度函数,此函数用于衡量每个解决方案在处理特定问题时的有效性。

尽管单个基学习器在处理相同的训练数据时可能高度相关,但通过采用不同的训练策略、数据采样方法或模型参数设置等,可以增加基学习器的多样性,这是提高集成学习模型整体性能的关键。因此,集成学习模型的优势能否充分发挥,本质上取决于能否实现单个基学习器的准确性和全部基学习器的整体多样性之间的良好平衡。针对那些输入特征数量众多的数据集,通过使用遗传算法等对输入特征进行

---

❶ 是一种通过模拟自然选择和遗传机制进行搜索和优化的算法,用于在复杂空间中找到最优或近似最优解。

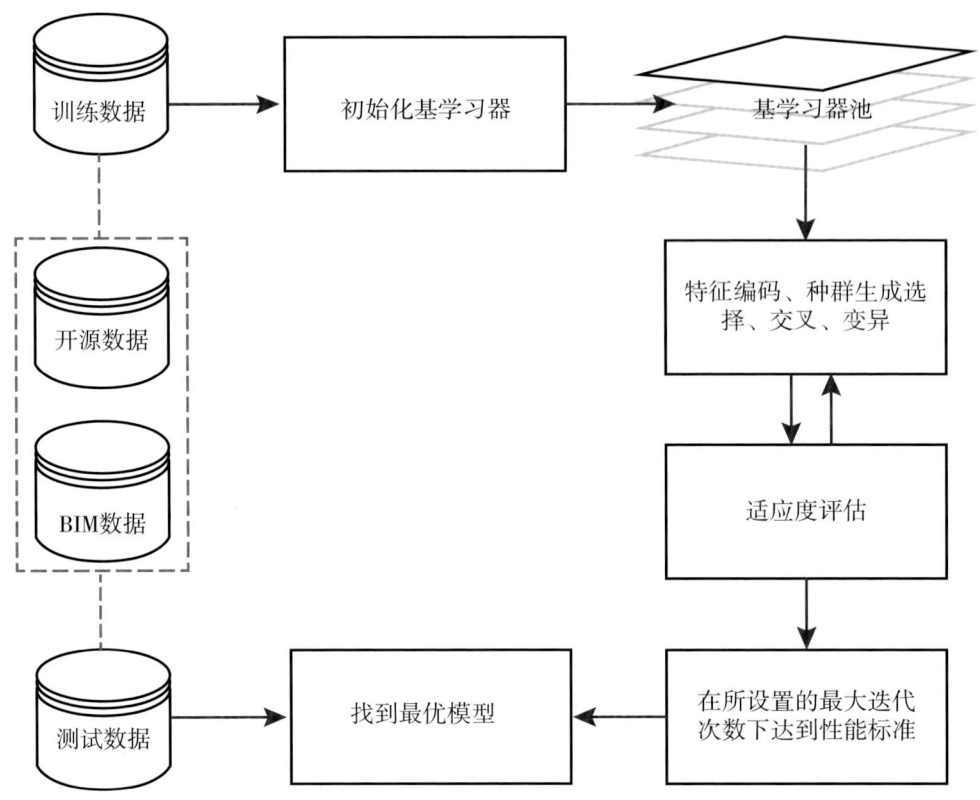

图 2-2　应用遗传算法的集成学习方法思路

调整，对训练数据进行归纳整理、调整学习参数和设计输出表示，可以达到提高模型性能的目的。特别是在处理特征众多的复杂数据集时，简单地增加特征数量可能导致模型过于复杂甚至过拟合，但应用遗传算法，可以更加智能和高效地选择和组合这些特征。本书第 5 章将参考英国卡迪夫大学 BIM 团队的最新研究[46]，详细地介绍如何在建筑资产评估场景下综合运用梯度提升回归模型与遗传算法，实现数据预测复杂性和多样性的平衡，使资产评估模型达到最优性能。

上文简述了机器学习算法在建筑预测评估应用场景下的主要优势。事实上，机器学习算法与 BIM 标准化数据相结合的应用范围远不止如此，例如，为加强对建筑资产可持续性的评估，需要在原本的 IFC 数据架构基础上对其进行扩展，以便将有关室内环境、建筑材料等多种信息的可持续性特征都纳入 BIM 标准化数据体系，这一过程将不可避免地带来多源数据集成、数据规模扩张、市场数据波动大等挑战，应用机器学习方法可以有效解决这些问题。未来，将 BIM 与机器学习以及其他前沿数字技术和方法框架（如物联网、区块链和云计算等）进一步结合，也将是值得深入探索的方向。

2.2　本体知识模型与语义网技术

在信息技术领域，本体（Ontology）一般指的是在信息系统中用于描述概念、实体、属性和它们之间关系的形式化表示。人工智能应用语境下的本体包含了以结构化的方式来定义的特定领域的语义内容，基于本体的数据表达也可以被视为元数据，用于描述数据的含义和关系，从而使信息更易于理解和共享。应用本体可以为特定专业领域构建知识模型，称为本体知识模型，它用类、属性、关系等基于本体的术语来描述该领域内的知识。

语义网（Semantic Web）技术建立在语义数据模型上，以一种结构化的方式来表示互联网上的信息，使计算机能够更容易理解和推理这些信息，从而为搜索、数据集成、智能推荐等多种应用场景提供更高效、更准确的解决方案。如果说本体定义了领域的术语和它们之间的关系，为语义网提供了基础的知识结构，语义网技术则提供了实现和应用本体的框架和工具，它使用一系列标准和规范（如资源描述框架）等来实现本体知识模型的构建。

由此可知，本体模型的特征和技术基础，使其同样具有与 BIM 数据模式结合应用的巨大潜力。本节将概述其基本组成、构建方法，以及在建筑项目知识管理中的运用原理。

构建基于本体的知识模型须遵循公理和领域需求，这种模型通常包含本体模型与推理规则，旨在为特定领域知识的检索和逻辑推理提供一个结构化和标准化的方法。一般采用基于资源描述框架（Resource Description Framework，RDF）三元组概念的网络本体语言（Ontology Web Language，OWL）来构建本体模型，便于用户定义和链接网络上的数据。本体模型通常可以表示为：

$$O_{domain} = \{\Phi_{RDF} \in \{C_{onto}, F_{onto}, A_{onto}\}\} \quad (2-7)$$

$$\Phi_{RDF} = \{S, P, O\} \quad (2-8)$$

其中，O_{domain} 表示特定领域的本体模型，Φ_{RDF} 代表一组基于 RDF 概念的三元组，由主体/主语 S（Subject）、谓词 P（Predicate）和客体/宾语 O（Object）组成；A_{onto} 表示知识本体中的公理，C_{onto} 表示属性规则的约束，F_{onto} 表示本体中的实例。为进一步说明本体模型如何与 BIM 体系结合运用，下文同样以建筑资产评估这一应用场景为例，进行简要的原理解析。

RDF 图 $\Phi_{RDF\text{-}g}$ 作为 RDF 三元组的主要表达形式，是由三元组构成的、代表目标领域的资源集合。RDF 图的组成可表示为：

$$\Phi_{RDF\text{-}g}=\{N, E\} \quad (2\text{-}9)$$

$$E=\{V_{URI}, V_{var}\}, V_{URI} \in N, V_{var} \in N \quad (2\text{-}10)$$

$$\delta N(x): x \in (\Phi_{RDF\text{-}g}) \cup O(\Phi_{RDF\text{-}g}) \quad (2\text{-}11)$$

$$\delta E(y): y \in P(\Phi_{RDF\text{-}g}) \quad (2\text{-}12)$$

其中，N 代表所有节点的集合，并包含属性；E 代表连接节点的边的集合，通过边共享节点形成关联事件。在建筑资产评估场景模型中，x 作为 RDF 中的变量（节点），是 RDF 图的主体与客体的对偶；y 作为边，属于 RDF 图中的谓词和关系元素。所有的主体和谓词资源都可以通过节点或边进行映射。节点和边包含了评估领域的 URI 资源（V_{URI}）和文字描述（V_{var}）的集合。所以，在资产评估场景中，应用 RDF 概念可以看作是使用 URI 资源信息和词汇来表示评估的语言。

在完善知识模型之后，还需要构建评估规则（Rules），以连接模型中的实例，关联数据和信息，从而将工程数据与知识模型有效结合。使用网络本体语言构建目标领域的推理部分可以表示如下：

$$Atom \leftarrow C(i)|D(v)|R(i,j)|U(i,v)| builtIn(p, v_1, \cdots, v_n) \quad (2\text{-}13)$$

其中，Atom 为概念原子，用于表示评估应用中的相关概念内容；C 代表类；R、D、U 分别表示主体/客体的属性、数据类型，以及类型属性；i 和 j 表示类中变量或实例名称；v 表示数据类型的变量名或值的名称；p 表示内置模块化方法（如数学关系运算）的名称。基于规则，拟构建的知识模型可以被定义成：

$$K=(\sum, P) \quad (2\text{-}14)$$

其中，$\sum$ 表示基于描述逻辑的概念表达集合；P 代表规则。

上述知识模型可以与数据获取方法形成有效衔接，将具有知识属性的数据实体映射到知识模型中，使得所构建逻辑规则中的元素可以成为信息索引的实例，从而实现逻辑推理。一般情况下，知识模型的构建须涵盖场景中的概念、词汇、关系、分层树、属性等，从而使得数据可以映射到节点中的具体对象中；此外，知识模型中的推理规则是评估规则的语义本体表达，须符合公理约束条件。

本体知识模型的推理规则与 BIM 数据的关联，在应用层面具有重要意义。尤其是利用 IFC 数据的转换和链接，在提高 BIM 模型的语义丰富度和面向应用的互操作性的同时，能够使得原本用于描述建筑物理和功能特征的 IFC 数据更容易与基于网络的技术集成。此外，通过本体数据模式如 RDF、OWL，BIM 数据可以与互联网上的其他数据链接，实现跨领域的信息查询和数据分析，用于城市规划、环境影响和能源效率分析等。语义网技术的标准查询语言可以作用于 IFC，将原本复杂的数据查询变得更加容易和灵活，促进开放数据理念的实践，提高数据模型的可扩展性，以适应不断变化的需求和领域知识的持续更新。总而言之，将 IFC 与知识模型相关联的过程是将建筑工程数据集成到更广泛的网络语义环境中，这对于智能建筑、可持续城市发展和复杂系统分析等领域的发展具有重要意义。

在如今，本体、语义网技术与 BIM 的协同发展正在影响 AEC 行业研发的方向（图 2-3），通过实现跨多个数据源的数据整合和复杂查询[47]为 BIM 应用带来更多的附加价值。相关研究进展包括：通过合并 BIM 和地理信息系统（GIS）数据，进行城市规模设施管理的本体应用[48]；使用基于 BIM 的本体知识框架来支持建筑设施管理阶段的安全维护和修理实践[49]；使用 OWL 编写规则来优化结构设计方案[50]；以及开发建筑安全管理[51]和建筑设施能源管理[52]的本体模型等。在建筑风险管理领域，一些研究开发了基于本体的风险管理框架，助力解决与项目设计和施工流程相关的风险识别和分析问题[53]；一些研究探讨了如何通过将工具和数据映射在一起，将 BIM 数据转换为建筑知识模型[26]；此外，还有研究探索了将本体与 IFC 数据映射结合的方法，以提高建筑疏散场景中人群模拟的性能[54]，以及开发能够将 BIM 数据转化为本体的推理应用程序，并基于 ifcOWL❶ 验证了其可行性[55]。在与价值成本相关的本体方法应用领域，一些研究提出了基于方案 BIM 模型构建本体的评估方法，用于项目早期阶段的成本估算[56]；还有的研究关注建筑成本计算的本体推理过程，将 BIM 中的 IFC 数据（XML 格式）转化为语义推理所需信息的 RDF 格式[55]，构建了用于管理项目成本的综合本体原型。

---

❶ 一种将 IFC 转换为网络本体语言格式的表示，使 BIM 数据可以在语义网中被使用和共享。

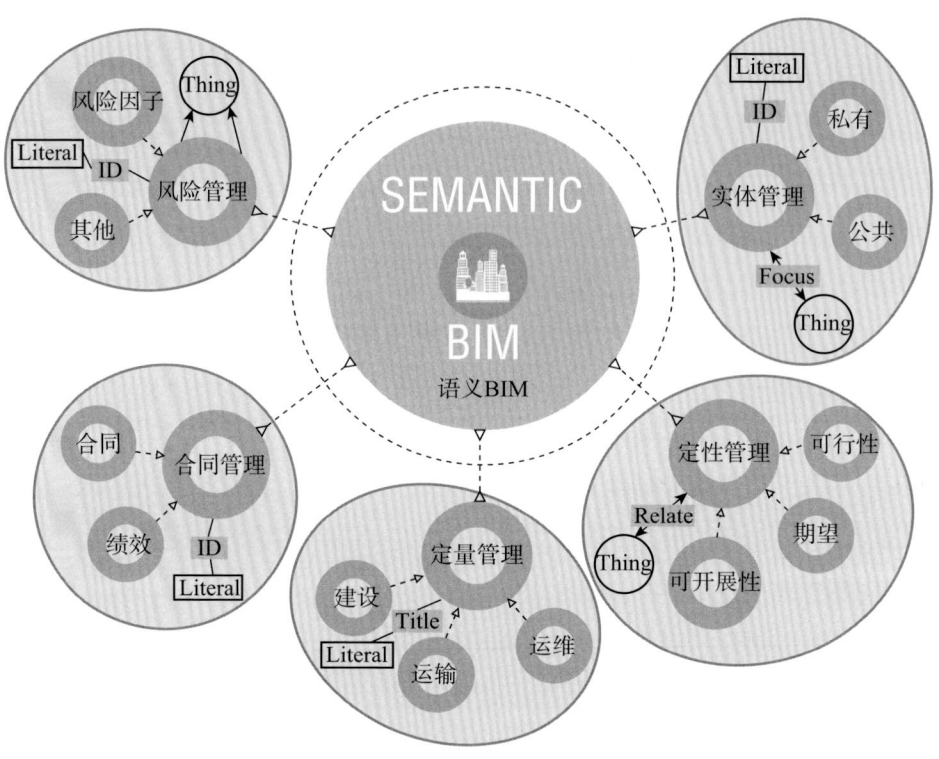

图 2-3　BIM 与语义网技术结合[57]

作为表示和重用领域概念及其关系的语义网技术之一，网络本体语言已经在商业管理以及工程管理多个领域中使用，如在建筑方案阶段，可以利用本体来支持对安全性、环境和成本的决策[57]。一些学者也制定了不同领域的本体来服务于特定的场景评估和知识管理，如本体在建筑安全领域的应用，其利用 OWL 在网页上编码知识，并从相关法规中提取安全检查要求，将其转化为本体语言规则[58]。

综上，当前一系列关于语义网技术与 BIM 应用相结合的研究，在工程知识应用方面具有前沿性，但多集中于单一领域，在面向大型公共建筑项目的采购时，其应用潜力仍受到限制。当前，建筑价值评估领域虽然已出现了 BIM 和语义网技术集成的案例，但已有的研究往往仅考虑价值评估的某一方面，并没有将价值评估、BIM 数据模式以及项目采购流程结合起来，作为一个整体加以强调。本体语言规则和数据的互联互通在大型工程项目中的应用也仍存在挑战，软件供应商需考虑使用更集成化的平台来开发基于 BIM 的信息推理工具，更好地适应项目复杂需求。

BIM 数据包含了丰富的建筑信息，包括建筑结构、构件属性、空间关系等。通过将 AI 算法、语义网和本体知识模型与 BIM 数据相结合，可以实现更加智能化的项目决策、方案设计、施工管理和设备运行维护等。将 AI 算法、语义网技术和本体知识模型相结合，可以进一步提升各自的应用效果：语义网技术和本体模型提供了结构化的方式来描述建筑领域的知识和数据，使得计算机能够更好地理解建筑信息并利用其进行推理。进一步将这些知识模型与 AI 算法相结合，可以提高建筑信息处理的准确性和效率。

然而，目前上述应用还存在一些挑战。首先，标准化应用模式的缺乏，导致了建筑数据应用的碎片化和不统一性。其次，在将本体模型与 BIM 标准化数据进行链接时，现有的数据链接方法可能效率低下，难以处理大规模的数据集，还会带来数据一致性和完整性方面的挑战。最后，如在应用中未能充分考虑特定场景的信息需求，可能导致算法和模型的设计不够贴合实际应用场景，降低解决方案的实用性和可行性。解决上述问题的关键在于加强跨学科的合作，推动 AI 算法、语义网技术、本体知识模型和 BIM 数据的结合，进一步研究和创新数据链接方法，同时深入理解不同应用场景的需求，以推动相关技术的进步和应用。

接下来，本书的第 3 章到第 5 章将分别聚焦 openBIM 应用体系的不同方面，介绍如何在这些领域引入 AI 技术，实现应用创新，从而更好地发掘 openBIM 的应用潜力。其中第 3 章主要针对 IFC 数据标准的创新扩展应用，第 4 章聚焦本体知识模型与 BIM 应用的创新性结合，以服务于建筑项目的价值评估，第 5 章则着重介绍如何使 AI 算法与 BIM 数据协同，以实现更全面、更准确的建筑资产评估。

3

BIM 数据标准的扩展创新

基于 openBIM 的核心思想，建筑及基础设施资产标准化数据模型的创建和应用应贯穿于资产全生命周期，它们同时也是高效规划、设计、建设、运行和维护建设资产的关键因素。在开发和运营建筑或基础设施项目的过程中，一个综合且中立的数据交换模型对于实现信息的开放交换和有效利用至关重要。这个模型需要能够同时反映项目资产的语义和几何特征，开放数据的概念由此诞生。

　　与只能通过应用程序导出生成的专有化数据相反，开放数据是一个宽泛的概念，它的关键特性是可以在任何应用程序或开发环境中显示其价值，可以根据需求有效地提取和增添，并方便地进行创建、读取、更新和删除。要提升数据的价值和可用性，关键在于使这些数据能够跨越原始应用程序或技术的限制，被广泛使用。为此，必须定义一个开放的模式，让项目其他参与方不仅能使用这些数据，还能方便地检索到所需信息。作为 BIM 数据标准体系的重要组成部分之一，IFC 数据模式使上述目标的实现成为可能。

　　随着技术的发展，数据的存储方式已经由简单的对象存储转变为采用图形及数据的语义结构进行存储。这些结构以网络的形式表达信息，其中节点代表实体，边表示实体间的关系，可对实体属性和关系作出更精确的定义，以更好地映射现实世界中的复杂联系。基于图形和语义的数据结构也是一种开放数据结构，它们促进了数据与对象之间专有化和交叉链接的发展，并强调维护已定义的概念结构的重要性。

　　开放数据格式可以在组织、框架或项目团队中使用，也可以作为公共可消费资源发布。目前，AEC 行业已开始鼓励使用 BIM 作为交付结构化数据的主要标准。在项目或资产的全生命周期中，结构化数据的应用体现在组织和捕捉资产信息需求方面，以便在组织和项目层面推动计算机辅助决策的过程。而在 BIM 应用体系中，IFC 数据模式作为一种主要的标准结构化数据，根据实际需求对其扩展，是实现上述一系列目标的基础。本章为读者提供了一个通过 openBIM-IFC 实现特定领域数据模式扩展应用的全景视角。

3.1 IFC 数据模式扩展现状及待解决的问题

在展开详细论述前，首先需要指出，在建筑领域软件应用中，"数据格式"和"数据模式"的概念经常被混淆。术语"格式"通常被认为是"模式"的同义词，但情况并非总是如此。"模式"是一种独立于任何特定技术或数据编码格式的结构的抽象定义。相比之下，"格式"则是模式在某一技术环境中的具体实现形式。例如，IFC 4 是一个模式，它是以步骤格式（STEP）结合网络语义技术来实现的。因此，数据的结构需要能够支持可重复、可改进的编译方式。现有的开放数据格式提供了一些结构（如 LandXML），而开放文档如 DWG、DXF 则是结构化的格式，用于存储非结构化原语，包括文本或绘图几何图形信息等。随着结构化数据路线的持续进化，以及面向对象格式的兴起，使用者在实际操作中不必局限于现有的、结构受限的数据模式，还能够针对现实世界中的信息对象进行交互和通信。简而言之，这意味着数据管理系统变得更加灵活，能够更好地反映和处理现实世界信息的复杂性，包括识别和关联各种信息实体。这些实体对象本身提供了项目所需要的数据集和属性，同时具有可以连接多个对象的语义关系，并能够结合三维可视化，使用不同类型数据集和对象关系从不同视图提供信息。

数据模式可以被进一步扩展，为 IFC 的进一步发展提供方向性指导，以确保所有相关的建筑和基础设施项目能够获得所需的核心数据结构支持。这种数据模型的开发基于对优先级较高的项目应用案例的分析，这些优先级是通过对目标行业进行深入调查后确定的。在图 3-1 中，可以明显看出各个应用案例与其对应的几何表达

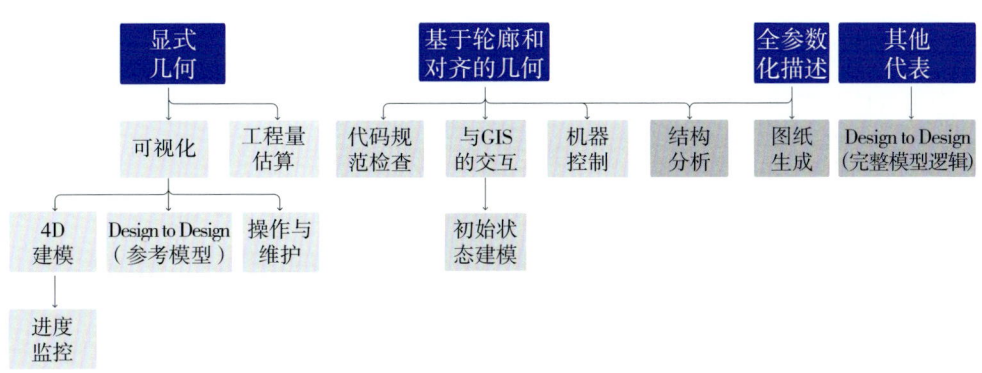

图 3-1 数据模式应用案例及其依赖关系总体框架图

之间的依存关系。其中，工程量估算、可视化展示、图纸生成等都是在应用中非常关键的功能。此外，工程数据与其他系统如 GIS 交互的重要性也是决定开发优先级时的考虑因素。这种重要性源自基础设施领域中资产管理系统的不断发展，以及对于基于笛卡尔坐标系统的地理空间定位系统的需求。最后，考虑到绝大多数的工程项目是对现有结构的改进而非从零开始建造，对初始状态的建模是尤为重要的。对现状条件、网络布局和资产的有效建模不仅是必需的，而且是项目成功的决定性因素。通过上述途径，IFC 标准为行业提供了结构性支持，确保数据模式的开放性和一致性。

目前，IFC 在建筑领域的数据模式架构已经基本趋于完善，本书所关注的 IFC 数据模式扩展，更多针对底层数据模式和应用模式尚处于空白状态的建设领域，目前以基础设施建设领域为主。在这一领域，IFC 的扩展仍有极大潜力和发展空间。

笔者使用关键词"工业基础类""扩展"和"数据模式"进行了全面的文献搜索，从 ScienceDirect 和 Scopus 获取了 2011—2023 年的 312 篇文献，其中约 70 篇论文提到了 IFC 扩展的应用，或在新场景下使用 IFC 模式进行信息交换的范例。如图 3-2 所示，近年来关于 IFC 扩展的研究兴趣一直在增长，特别是在"建筑设计和模块化"领域。2020 年之后，该领域的发表文献数量显著增加。"合规性审查和项目评估"领域在 2022 年展现出研究活力，标志着这是一个新兴的研究领域。这个领域强调，IFC 应涵盖更广泛的实体，以便在项目评估和性能检查中满足更多样化元素的需求。其他一些领域研究的兴起，如"结构健康监测"等，表明了 IFC 框架在结构分析应用中也具有适用性。"基础设施管理决策"相关领域也成为一个重要的研究课题。

在 IFC 扩展相关研究中，数据集成和扩展方法是关键。图 3-3 列举了相关核心论文中 IFC 扩展的领域和使用的方法。其中，几乎所有的扩展领域都采用了"直接应用 IFC 框架进行数据扩展"的方法。这不仅表明了现有 IFC 框架的完善程度较高，还强调了数据集成在跨学科和跨领域合作中的重要性。特别地，在如"能源与环境"和"消防、安全与应急管理"这样的领域中，IFC 扩展和应用方法具有一定多样性。这种多样性源于这些领域涉及多方面的综合挑战。例如，"能源与环境"领域可能需要同时考虑建筑能效、可再生能源利用和环境可持续性问题；而"消防、安全与应急管理"领域则可能需要融合建筑设计、材料选择、人员疏散和火灾模拟等方面的知识，并对数据模型进行升级。

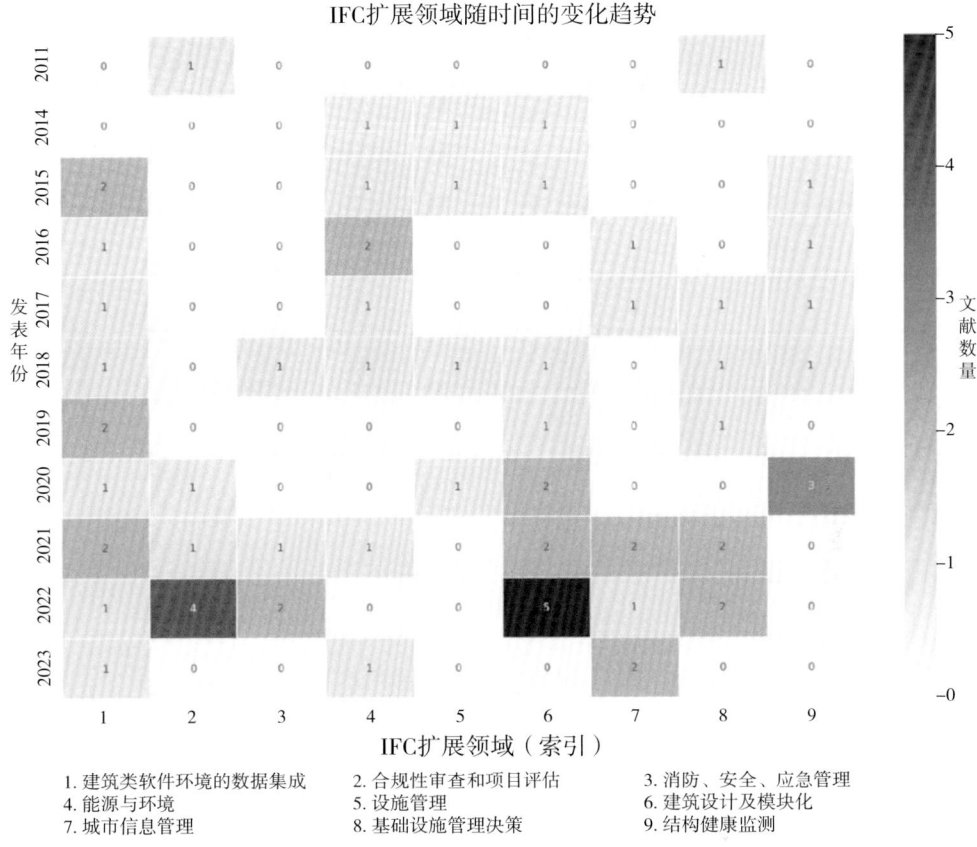

图 3-2 基于文献回顾的 IFC 扩展领域趋势

通过文献分析也可以观察到，当直接或间接使用 IFC 为特定领域服务时，考虑 IFC 数据本体也是一个重要的解决问题的途径。一方面，数据本体拓展可以帮助用户更好地组织领域知识和数据实体之间的关系[59,60]；另一方面，它有助于丰富数据模式的语义信息，允许计算机更有效地理解扩展应用中使用的数据。

数据模式架构的构建，是为上述空白领域进行 IFC 数据扩展的必要前提。已有的 IFC 国际标准数据架构项目，尤其是那些针对特定基础设施类型如 IFC 公路（IfcRoad）、IFC 铁路（IfcRailway）、IFC 桥梁（IfcBridge）和 IFC 港口和航道（IfcPortAndWaterways）[61]的标准项目开发，提供了极具代表性的标准化模型实例开发的范式。这些项目体现了国际标准建设的追求，即通过调研不同国家在建筑及基础设施等多个关键领域中应用的多样化方法，以及他们如何进行流程管理和信

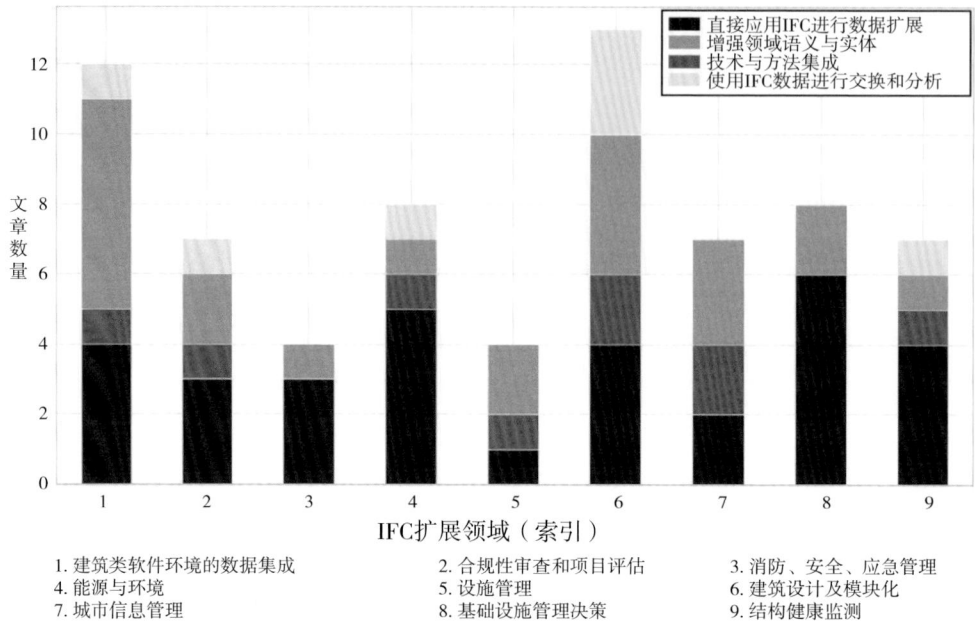

图 3-3　当前涉及 IFC 扩展方法和应用研究的 AEC 相关领域

息表述，形成通用性强的数据标准范式。这种跨国界的知识交流与合作是至关重要的，因为它有助于确保 IFC 数据模型在全球范围内的一致性，减少数据孤岛的产生，并避免重复劳动和资源浪费。这样的国际合作和标准化努力将推动整个行业向着更高程度的数字化和自动化水平发展。

早期的 IFC 版本主要关注建筑元素的通用数据结构，而对特定类型的基础设施支持较少。随着全球基础设施项目的复杂性增加，IFC 标准开始向公路、铁路、桥梁和港口等特定基础设施类型扩展，以确保数据模型的全面性和适用性。基于早期版本，IFC 标准逐渐引入了更具体的分类和定义，以涵盖更广泛的基础设施类型。最近的更新中，IFC 引入了 IfcAlignment 标准，这是对线性基础设施（如道路和铁路）的几何形状和数据进行表达的一种扩展。这一更新的 IFC 数据层级结构为基础设施内实体的空间定位创建了一个框架，它包含多种建筑空间分解结构，包括 IfcSite、IfcSpace、IfcBuildingStorey 和 IfcFacility 等实体，可以从垂直、水平方向对建筑物和土木工程的结构加以分解，从而处理基础设施的信息碎片和数据节点。这些新的聚合对象使得对项目的空间结构的定义更为灵活，可用于定义包括多个建成设施的项目，例如包含道路和铁路部分的建筑综合体。

通过现有的文献分析可以看出，在基础设施的数据管理和决策制定中，IFC 数据扩展的重要性正在受到越来越多的关注，包括：对已经存在的 IFC 数据模式的语义分析和理解；在面向基础设施管理的 IFC 标准扩展中，进行跨领域知识的整合；以及根据特定应用情景，对经过扩展的 IFC 数据模式进行全面的分析和验证等。

当前，绝大部分的基础设施 IFC 扩展研究尚未采用最新的 IFC 标准，无法详细说明复杂基础设施系统的信息结构。所以，下文将按照 openBIM 方法体系，重点围绕领域信息结构、数据实体和属性等几个方面，概括地说明 IFC 扩展方法及应用过程。

3.2 IFC 数据模式扩展的过程

本节旨在介绍如何整合基础设施领域中 IFC 模式的扩展和验证，并基于 IFC 模式开发应用案例，提出一个总体的方法论框架。如图 3-4，IFC 数据模式扩展可以分为以下步骤：

第一步，定义扩展领域的范围和重点，并对涉及的行业部门、项目类型、关键功能和信息交换传递要求进行全面分析，以便建立领域内的信息分类、编码规则和标准，为后续 IFC 数据模式扩展提供基础。需要考虑的内容涉及对扩展领域内的空间、功能、物理实体和过程的表达，以及与现有 IFC 的连接。

第二步，根据扩展领域场景，明确管理全过程的信息需求（包括信息类型的层次分解需求），形成一个数据集，用于开发针对目标领域的 IFC 实体。在这一步，应建立一个分类框架与相关数据集，并整合领域知识，依照 ISO 12006 的信息分类框架对扩展领域内的元素进行分类。

第三步，概念模型创建与标准化处理，即为目标领域 IFC 创建概念模型表示，包括对目标领域的数据类型的特征属性进行描述。这将有助于进一步形成 IFC 实体表达，并创建特定领域扩展的文档。

第四步，验证与应用。这一步重点关注 IFC 扩展在特定工程领域的实用性（如能否在建筑项目的规划和设计管理阶段创建、编码和有效使用 IFC 文件和模型），并开发相应数据导出工具等。这一步涉及将 IFC 扩展模型用于项目规划和信息管理的基础应用，以及生成能够展示这些扩展功能的示例数据集。

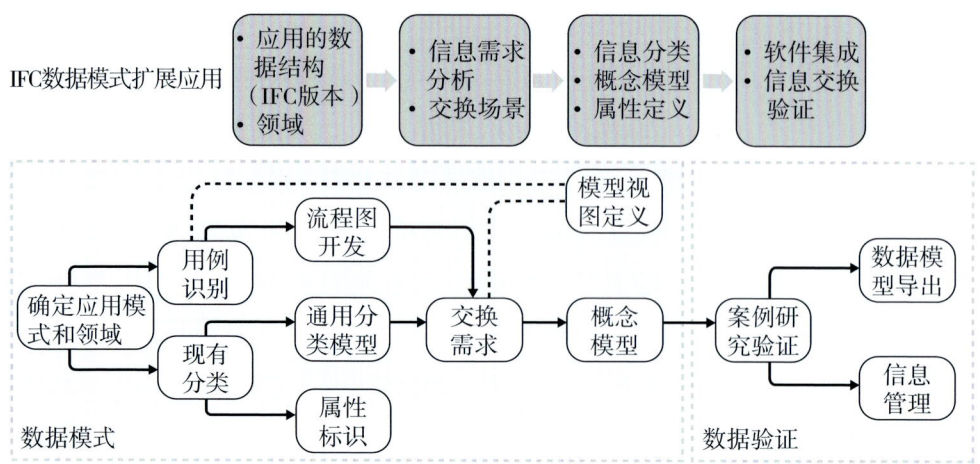

图 3-4　IFC 扩展的方法流程

3.3　IFC 数据模式扩展的方法

　　IFC 数据模式的架构在多个方面提供了扩展的指导原则。在 IFC 最新架构中，以空间结构为例，它为目标领域中的实体提供了一个用于空间定位的框架，以它为基础，可以对原有的建筑空间分解结构进行更新和扩展，结果如图 3-5。这一扩展不仅保留了基础 IFC 实体如 IfcSite（地块）、IfcBuilding（建筑）、IfcBuildingStorey（楼层）和 IfcSpace（空间）的原结构，还引入了更高层次的概括和抽象性实体，如 IfcBuiltFacility 和 IfcBuiltFacilityDecomposition。这种新的分解方式能够更好地对建筑和基础设施进行垂直分层，同时能够对基础设施信息片段和数据节点进行水平分解。新引入的实体提高了定义项目空间结构的灵活性，使其能够包含更多类型的建成设施，如结合了公路和铁路的建筑综合体，以及水运基础设施的组成元素等，从而更好地满足领域扩展需求。

　　在扩展中，明确基于线性结构的几何表示方法也十分重要，包括字符串行表示、横截面表示、实物实体的表示、边界表示等。目前针对 IFC 的几何表示法已经趋于成熟，可以涵盖不同类型的几何物体。

　　本节接下来的内容将重点介绍 IFC 标准扩展过程，阐述语义信息在扩展应用中的重要性。下文所述的各步骤，主要关注如何在空间结构层面调整数据架构，以便更好地定义目标领域内的元素分解结构,并将展开介绍"将新元素定义到正确的抽象元素类型中"这一归类过程。这一流程结合了 openBIM 理念,旨在为统一方法下的数据模式扩展提供必要的思路指引。

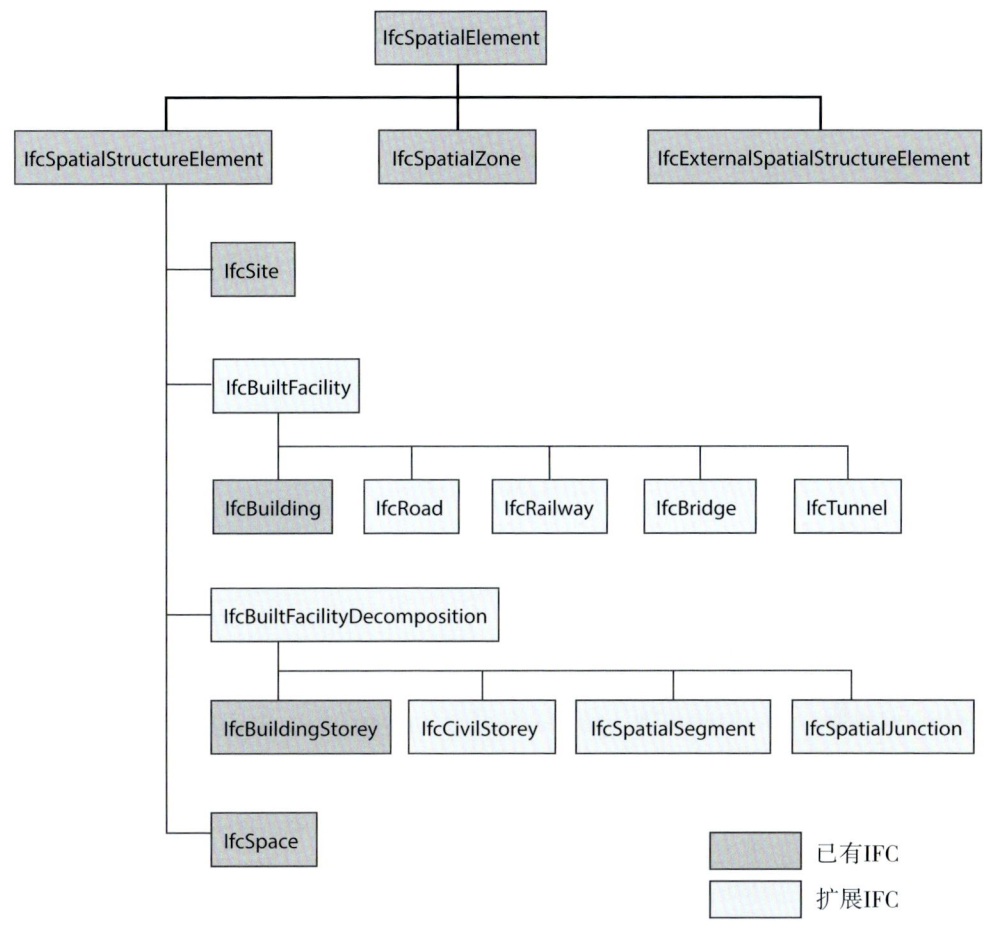

图 3-5　针对 IFC 描述建筑整体以及空间结构的更新

3.3.1　扩展范围定义

IFC 数据模式扩展的核心对象是基本概念,即空间和物理实体的语义描述,如图 3-6 所示。这包括与目标领域设施的设计、建造和运营相关的位置、资产和操作的语义描述,同时涉及场景应用之间的信息交换流程,将有利于提升目标领域设计建模、协作和交付等阶段的互操作性。

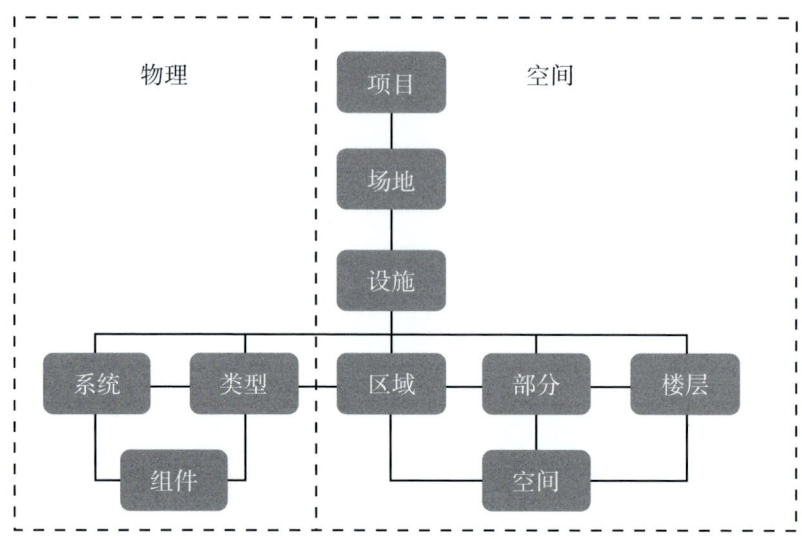

图 3-6　IFC 空间和物理实体的表达

以面向港口和航道工程领域的 IFC 扩展为例，在定义扩展范围时，需要纳入考虑的关键实体元素包括：①港口和航道综合体，包含交通（终端设施）、制造和工业设施、水路与导航设施等；②港口和航道设施，包含水控制与围堰结构设施、发射与回收设施、水边结构设施、运输结构设施、水域设施以及陆域设施等；③港口和航道中的产品与物理实体，如与动力相关的实体、与航标相关的实体，以及地质与水文相关实体等。在 IFC 扩展过程中，必须细致地分析这些实体对象并将其模型化，对所扩展的对象进行分解并定义其空间结构和属性，考虑自然和人工结构的整合，从而对建筑、地面和水文数据进行建模。

3.3.2　信息需求分析

3.3.2.1　信息结构梳理

在信息需求分析中，首先需厘清目标领域场景的信息结构，这对于信息模型的理解、开发和交换至关重要。此处基于 IFC 4（及更新版本）的模型架构，从实际应用的角度出发，对扩展的目标领域——港口和航道工程的信息进行结构化分类，如图 3-7 所示。图中展示了空间结构和物理结构两种分类表达方式，它们共存并服务于不同的应用场景。具体来说，空间结构用于划分功能区域和放置层次，如区域、楼层和功能区❶，物理结构则用于厘清物理建造组件、功能设施和网络的层次结构，如目标领域的产品和建筑实体的结构组成。

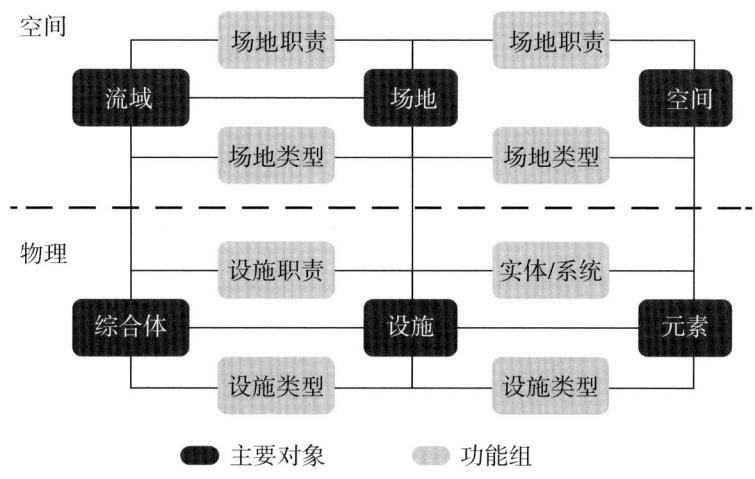

图 3-7　针对 IFC 扩展目标领域——港口和航道工程的主要信息结构分解

在目标领域（港口和航道工程）中，信息结构需要用代表空间和物理集合的复杂分层实体，即场地、设施（包括建筑物）和项目来表示。这样的结构表示将场地整合为统一的（流域）实体，可以实现对多个防洪和水利设施的河流集水区或船闸的管理，从而可以在更广泛的系统内管理多个独立的场地模型，这对于完成目标领域内的运营和综合管理任务至关重要。

随着建设和运营要求的不断提高，在像船闸这样复杂的项目场景中，BIM 应用正变得越来越普遍。这些项目通常包括闸体（包括闸门和闸室）、上游和下游的导水渠、道路、跨闸桥、作业人员住宅建筑、闸口管理区，以及供电、通信、绿化和其他辅助系统等实体。通常情况下，虽然理想的数据交换应包含完整的复杂结构和

---

❶ 这里的功能区对应英文"zone"，指的是根据具体活动将空间划分为不同的区域，例如将一个港口设施划分为装卸区、停车区、安全区等；区域对应英文"region"，用于空间组织，指的是将空间沿垂直或水平方向划分而成的不同的区域，如将设施划分为多层平台或多个建筑楼层。

网络，但现实操作中往往存在交换数据量和交换时间的限制。因此，不是所有的物理和空间结构都会被传输。在这种情况下，即使交换定义中没有明确要求，也必须确保场地、设施和项目间的关系和一致性，这是实现有效数据交换和长期数据维护的关键。在这个过程中，正确表示物理层次和结构是保持数据完整性的基本方法，IfcProject 实例在这一过程中扮演了核心角色，为数据交换提供了必要的上下文和框架。使用它可以确保这些数据从分散的系统迁移到中央存储库时，其物理层次结构也能被保留，以确保在数据交换场景中信息的完整性和可追踪性。

3.3.2.2 空间结构分解

在信息结构梳理中，空间结构分解通常用于为项目设计提供组织层次结构。空间元素定义了物理或概念实体的边界，并且可以适应本地部署机制，支持模块化设计。目前，IFC 在建筑领域主要采用楼层、空间和区域来表达空间结构需求。在港口和航道工程场景下，考虑到水运工程的复杂类型、港口和航道内的设施类型、产品实体等，除了像房间这样的封闭空间，还存在许多开放区域，需要使用位置或元素来表示，因此需要从 IFC 通用数据模式中的元素出发，对数据模式进行调整。

具体而言，通用的 IFC 标准使用"场地到建筑，建筑到楼层，楼层到空间"的基本结构来对"建筑"进行空间分解。在港口和航道工程这一目标领域，为了实现与现有标准的兼容，对港口的空间分解结构应与上述建筑结构保持一致，具体可采用"场地"→"设施"→"设施部分"→"空间/位置"的层次结构。"Facility"（设施）和"Facility Part"（设施部分）可用于基础设施领域中复杂系统的空间分解，其中都有用于放置和分解资产结构的物理元素和空间元素，以便对这些层次结构进行更细致的分解。

图 3-8 展示了一个复杂的港口基础设施的空间结构分解方式。考虑到水运工程港口和航道领域的空间要求，以及 IFC 通用模式中一般空间结构的定义，这个港口被分解为码头、内部和外部道路、行政管理建筑等多个设施。

3.3.3 概念模型构建与拓展

概念模型构建与拓展，即在目标领域中开发资源分类框架和相应的数据模式。在这一步需构建一个全面的资源分类框架（模型），进而形成目标领域的数据模式，

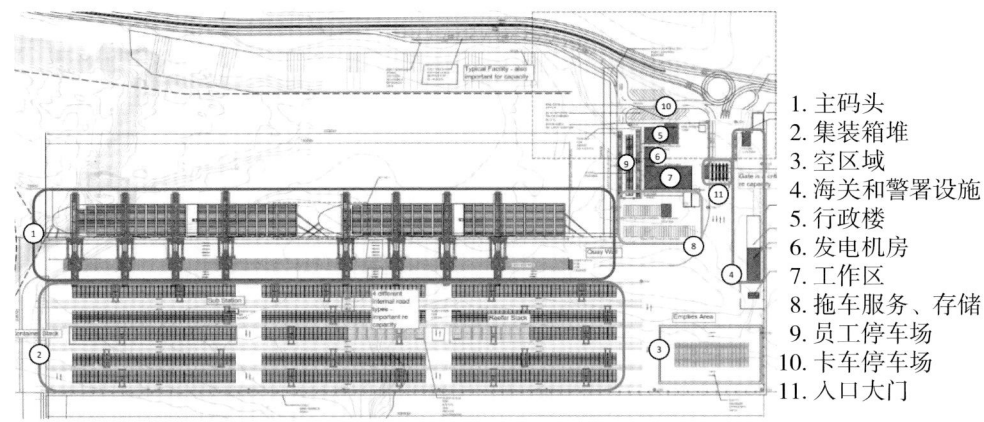

图 3-8　IFC 模式扩展中港口和航道工程的复杂空间系统分解示例

为领域的交叉协作提供标准,并在 IFC 中映射应用。

3.3.3.1　分类模型

在 IFC 扩展中,分类模型（Taxonomy Model）的构建是关键,因为它提供了清晰的结构框架,确保所要扩展的模式与现有 IFC 模式能够兼容,同时有助于标准化地组织项目元素,能够简化项目管理。分类模型不是简单的信息需求模型,也不是产品分解结构（PBS）、工作分解结构（WBS）或专门的分类系统,而是旨在通过增加指导框架和特定的层级结构,对领域的语义内容进行更详细的细分,从而制定一个目标领域的概念模型。

图 3-9 展示了以港口和航道工程为目标领域的概念模型。该分类模型根据信息需求,建立层级结构,从而形成分类数据集（Data sets）的数据结构。在正式的标准开发中,分类模型的构建需遵循 ISO 12006,并参考代表性强的国家或区域分类体系,如英国的 Uniclass❶ 等。

一个分类数据集❷ 包含一组定义明确的概念,这些概念通过不同的关系进行连接。它主要包括以下几个部分:①词汇表,这是一个概念集合,每个概念都附有标

---

❶ 一个源自英国的建筑通用分类框架,广泛用于建设行业,用于组织和分类项目、产品、资料和服务。

❷ 在 IFC 4.3 的开发中,构建分类数据集的目的不是对港口和航道工程项目中所有可能存在的元素进行分类（因为那可能包括所有可想象的建筑概念）,而是侧重于识别最重要的组件以及港口和航道工程领域独有的组件。

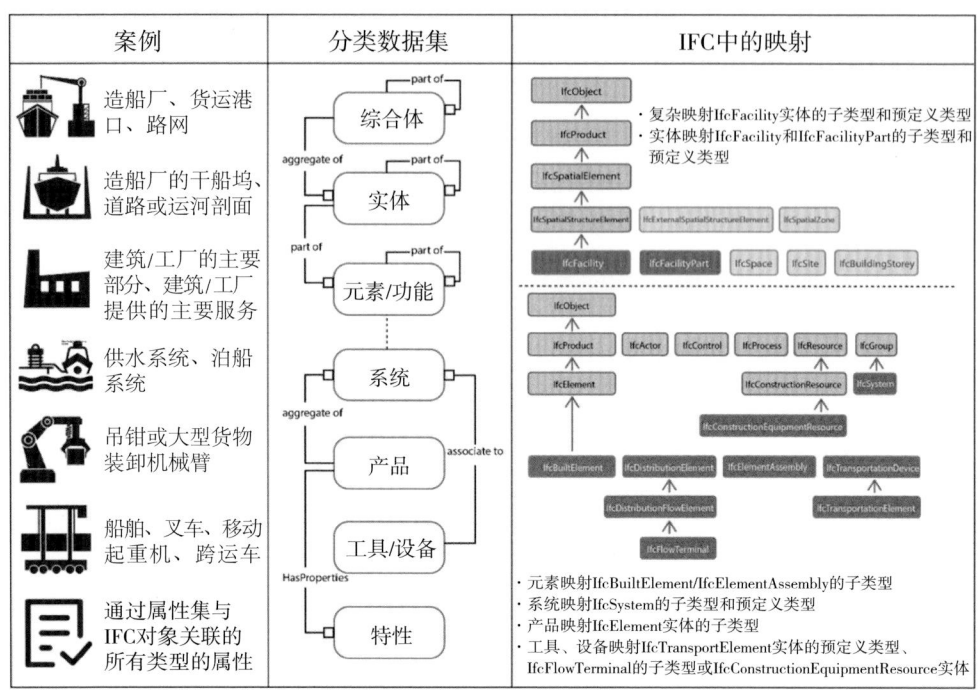

图 3-9　分类数据集中不同根类型之间的关系

签,这些标签包括描述性信息;②分类学关系,此部分负责描述概念之间的类型和功能层次结构,形成一个有向树状结构。在这个结构中,概念通过专业化的关系连接,展现出从广义到狭义的层次关系;③整体-部分关系定义,指将概念按照从整体到部分的方式进行组织的一种方法,用于描述各概念之间组成或被组成的结构关系;④数据本体,包括用于完善整体-部分关系和定义分类学关系的若干特定关系,涉及应用案例所需的任何其他语义关系,例如描述概念属性的关系等。

分类模型的制定基于一个数据本体框架,使用简单知识组织系统(Simple Knowledge Organization System,SKOS)❶ 来表示分类,以确定领域中所需的新元素和现有元素及其必要的属性。这些属性将与相关的分类概念相关联,以整合数据集,并将其作为扩展概念模型的一部分。

---

❶ 是一种用于描述概念体系(如词汇表、分类法)的标准模型,主要用于实现数据和知识在不同系统之间的共享和重用,并保持数据、知识结构和关系的完整性。

分类框架（即分类模型）作为一种基本的结构，是在不同的平台（例如不同的软件或数据库）之间连接或整合独立模型和数据模式的必要前提。这种设置允许在不考虑特定领域（如建筑工程领域等）的数据集的情况下进行连接或整合，即它是一个更为通用的连接工具，不局限于特定行业或领域的数据。

3.3.3.2　概念模型的内容

IFC 概念模型的开发通常涉及以下三个部分：

属性集（Property Sets）/ 数量集（Quantity Sets）[1]：在 IFC 4.3 扩展中，通过修改原有数据集构建了新的数据集，在概念模型中添加了与目标领域设施对齐的、符合资产管理扩展要求的属性或数量信息，例如制造商类型、资产状况、维护策略和维护触发器[2]等属性（它们可以被赋予以 IfcSystem 和 IfcAsset 等实体为起点的相应 IFC 实体）。为了适应新的内置元素（如船舶元素），在 IfcMooringDevice 中添加了新的属性集、枚举类型和预定义类型。根据具体场景要求，类似的修订和补充还可以应用于更高级别的元素，如 IfcTransportElement 和 IfcDistributionElement 等。

预定义类型（Predefined Type）：通常用于指定应如何理解或应用特定的对象或实体。作为枚举类型，它提供了一系列预定义的选项，用于表示对象的特定类型或功能。使用预定义类型可以确保在特定的行业领域内，所有相关的物理元素都能够以结构化和标准化的方式被清晰地定义和分类。这能够增强模型的实用性，并简化软件解析时的特定处理或表达。

其他枚举类型（Enumeration Type）：用于划分各种类型的事故响应、资产状态评级和与信息管理相关的监控策略。

通过对这三个部分进行编辑，概念模型的适用性和可解释性将得到提高，可以满足目标领域相关行业的现有和新兴需求。

概念模型与应用案例和数据集相关联，从计算机理解的角度传达更复杂的语义

---

[1] 数量集是一组属性，用于描述建筑元素或构件的几何和数量信息。这些属性通常包括测量值和计算值，如长度、面积、体积、重量等。
[2] Maintenance Trigger，用于描述在设备或系统管理中会触发维护或检查活动的条件或事件。

信息。该模型遵循类概念、结构和建模语言的要求来表示 IFC 模式。为了进行 IFC 扩展，概念模型需要涵盖应用领域中的相关概念，并被整合到现有 IFC 模式中。概念模型包括物理元素（交通元素、分配元素和建造元素）和空间元素（项目结构中的空间、区域和关系，用于帮助定位和组织物理元素）。每个概念部分都有相关的描述、关系和指定的属性集/数量集。

3.3.3.3　概念模型创建方法

在创建概念模型时，首先需要考虑应用案例中的信息分类要求，同时也要关注 IFC 数据模型的核心概念，即 IfcRoot。IfcRoot 作为一个抽象基类，是各种信息实体如 IfcProduct、IfcRelationship 等的基础，并定义了这些实体共有的属性，包括为每个实体提供的全局标识符（Global ID）等。这些实体类可被进一步扩展到特定的元素、空间、设备等。

开发概念模型的目的是使用统一的标准化语言来阐述和描述领域中的概念、属性和关系，从而传达领域的结构和意义。在标准开发中，通常使用统一建模语言（Unified Modeling Language，UML）方法来表达目标领域 IFC 模式扩展的概念模型。除了使用 UML 图外，还可以采用强调数据本体、侧重于挖掘知识的语言，如 OWL 和 RDF 等。

尽管两者都源于本体原则，但像 OWL 这样的语言主要侧重于弥合 IFC 作为数据模型与其演变目标——知识模型之间的差距。对于运用 OWL 构建的概念模型，可以利用语义技术在 BIM 应用领域实现查询、推理和知识的集成。此外，本体语言可以促进标准化映射，具有良好的互操作性。这确保了建筑工程项目的数据可以与"链接数据"[1]相关的其他格式标准进行交互，使计算机能够清楚理解模型中嵌入的概念、关系和约束。

在构建概念模型时，使用本体网络语言方法可以促进项目全生命周期中的 BIM 数据详细分析和优化。随着基于 BIM 数据模型的本体语言的发展（例如用于知识

---

[1] 最新的 BIM 研究中提出了"链接数据"（Linked Data）方法，能够通过网络连接和访问多个模型和数据集，创建一个计算机可读的知识和信息网络。当使用 IFC 的语义格式（如 ifcOWL 等）来表示和解释数据时，便能够将构建的项目数据集成到语义网络中。同样，也可以将与项目设计和运维息息相关的环境数据源（例如潮汐、天气等数据源）或成本造价数据源等引入应用领域，将它们与项目数据进行链接，以便进行针对项目的分析和决策，从而支持应用场景的模型使用。

模型推理的 ifcOWL 的出现），来自工程项目的数据可以被转化为能在不同组织之间共享和重复利用的知识模型。作为一个新兴的研究领域，这项技术提供了特定领域知识间协作的可行性[62]，例如将扩展的 BIM 领域与设施管理系统和地理信息系统联系起来进行协同应用。这主要是因为 ifcOWL 借助 RDF 图的形式来表示数据的丰富语义关系，在此基础上扩展领域会更为方便。尽管当前软件系统仍然参考并利用 SPF-EXPRESS 和基于 XML 的 XSD 模式来表示 BIM 数据，但使用 ifcOWL 来构建概念模型仍然非常重要。它能指导软件工程师在网络上的复杂场景中共享"链接数据"的领域概念（图 3-10）。所以，使用本体网络语言进行 IFC 概念模型的构建具有先进性。

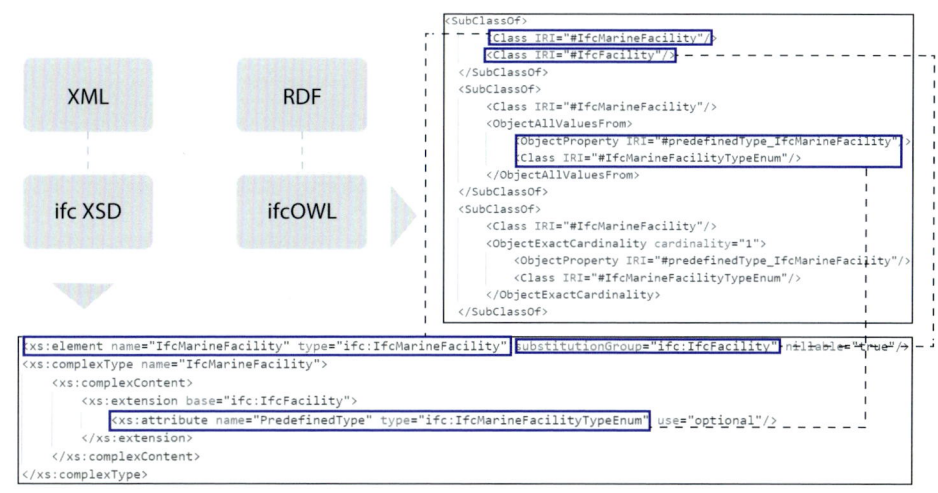

图 3-10　IFC 扩展中的不同数据模式方法的使用

概念模型的创建也是 IFC 国际标准开发的重要组成部分。建立的概念模型可被纳入 IFC 模式的整合过程。通过模型协作和整合，领域概念模型可以被并入统一的概念模型，进而转换为 EXPRESS/XSD 格式，成为 IFC 的标准定义语言。

3.3.4　IFC 扩展模型的导出、应用和验证

IFC 架构的扩展还有极其重要的一步，即使用开发工具和结合实际应用案例，在特定工程领域来验证 IFC 扩展架构的实用性。具体而言，就是在目标领域的总体

规划和设计管理阶段创建、编码并有效使用 IFC 文件和模型。这一过程不仅涉及基础应用（比如利用 IFC 模型来促进项目的规划和信息管理），还包括生成能够体现这些扩展功能的示例数据集。

3.4　IFC 数据模式扩展应用案例：标准开发中的港口和航道工程领域扩展

本节以港口和航道工程领域的应用场景为例，结合由中国交通建设集团领导的 IFC 4.3 标准项目开发的内容（该标准最终由 buildingSMART International 组织发布）来具体介绍如何进行 IFC 数据模式的扩展及应用。该标准开发项目在原来的 IFC Leibach 结构图❶中引入了一个名为"IFC 海事工程"（IFC Maritime Project）的新部分（图 3-11）。这个部分将与已有定义的 IFC 模式保持一致，与其他四个开发领域（铁路、道路、桥梁和隧道）使用相同的模块和开发环境。这就意味着"IFC 海事工程"既支持海事工程的特定信息需求和实体属性，又能与整个 IFC 框架保持兼容性和一致性，这为目标领域提供了模型和数据交换支持。

需要注意的是，虽然本书在探讨 IFC 数据扩展时着重说明了其可扩展性和智能化意义，但这并不意味着企业和团体可以随意地进行 IFC 扩展。随意扩展不仅

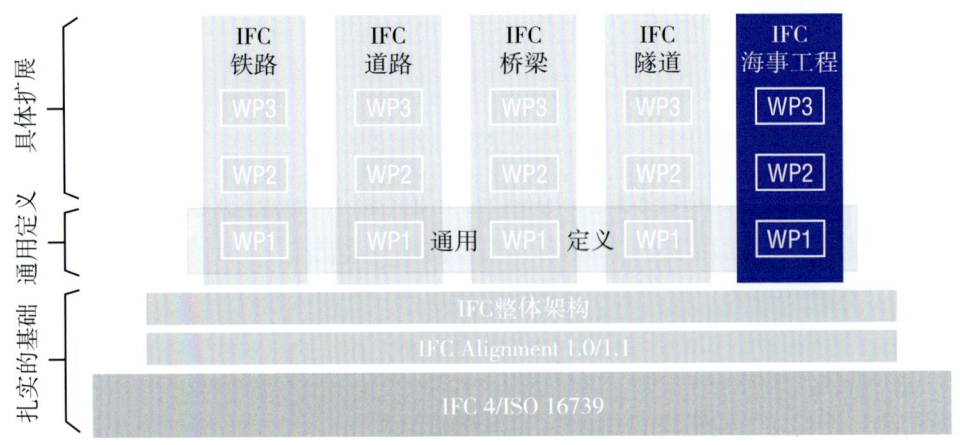

图 3-11　IFC 扩展开发的 Leibach 图

---

❶ IFC Leibach 结构图揭示了 IFC 各部分的关系，包括整体架构以及 IFC 面向不同领域的数据标准和图元标准。

可能导致与现有系统的不兼容，还可能破坏数据模式的统一表达，这反而不利于维持行业标准的一致性和互操作性。IFC 标准的制定需要基于广泛的行业代表的共识，这不仅要求来自不同背景和专业的专家参与，还需要全球行业代表进行决策，确保提出的标准的实用性和前瞻性。标准的制定和更新必须在国际标准组织如 buildingSMART International 的管理和指导下进行。通过这样的国际合作和专业共识，IFC 标准能够保持其全球适用性和技术领先性，进一步促进全球 BIM 的标准化和互操作性。

"IFC 海事工程"在数据模型扩展项目中的角色与其他项目不同。海事设施涉及的元素非常广泛，可能包括公路、铁路、建筑物、桥梁和隧道等多种元素（图 3-12）。虽然其中有四个领域在当前仍处于开发阶段，与这些领域的协同仍然至关重要，因为这不仅可以避免工作重复，还能确保所有相关领域的内容能够有效地融合成海事工程数据模式的一部分。

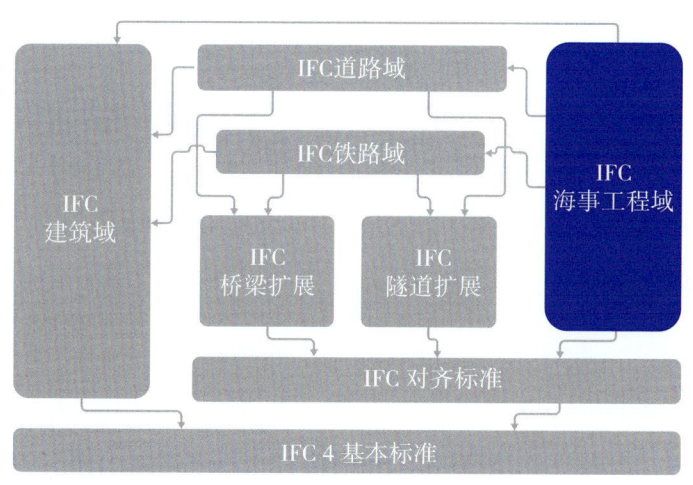

图 3-12　IFC 海事工程扩展领域与其他领域的关联

3.4.1 标准扩展背景

港口和航道部分的建设是海事工程的重点之一，结合相关类型的国内外工程项目可知，港口和航道工程领域涉及内容颇为广泛，并且在基建领域中有很强的代表性。港口和航道工程数字化进程涉及通过 BIM 进行设计、建设、运营和维护等工作，来解决项目全生命周期中的跨专业数据交换、数据质量差和协同效率低等问题。所以，在目标领域数据分类和结构定义的基础上，梳理出一套标准扩展的层次逻辑结构，是 IFC 标准扩展的重要内容。

3.4.2　梳理信息需求：基于应用场景与实际案例

在明确目标领域的信息结构需求之后，还应根据应用场景，制定信息交换流程图，从而明确信息交换发生的时间节点和对应的信息需求。在本案例中，港口和航道工程的信息交换流程图是基于 openBIM 体系中的 IDM 方法和国际项目管理协议确定的[63]。图 3-13 展示了不同阶段的信息交换场景和信息交换需求。

流程图不仅仅是一个简单的图表，还是一个全面的执行蓝图。它以一个宏观的过程概览作为起点，为接下来的深入讨论和管理铺垫基础，在 CIC BIM 协议❶[64]下定义项目的具体阶段，以确保每个参与者都能够清晰地理解项目从启动到完成的整个路径，以及在这个路径上的每一个关键点。在流程图中，每个阶段的特定需求和目标被凸显出来，为团队提供了一个清晰的指引。同时，流程图涵盖了资产全生命周期中的关键参与者群体，描述了各参与者所执行任务之间的依赖关系。在项目的各个阶段中，将根据这些任务（如"初始状态建模""总体规划"等）来制定信息交换需求，每个阶段任务的执行成果在经过检查和验证后，将进入项目的下一个阶段。

信息交换需求指定了执行应用案例任务时所需的数据输入或输出内容及类型。在一些情况下，一个信息交换需求可能适用于多个应用案例任务。这意味着此处执行的应用场景既可以是广泛适用的，也可以是针对特定行业或特定领域的（如船舶停靠分析等）。无论属于哪种情况，信息交换需求梳理的关键在于，对于每个应用案例，都必须清楚地界定其功能的范围，包括完成这个流程所必需的输入和输出信息。例如，港口和航道扩建项目就涉及针对这一特殊领域的特定应用案例，因此，信息交换需求必须包括与这些特定应用案例相关的输入和输出信息。

信息交换需求、MVD 与相应场景应用案例任务之间的关系如图 3-14 所示。以

---

❶ CIC BIM 协议是由英国建筑业委员会（Construction Industry Council，CIC）制定的标准合同文件，旨在支持 BIM 在建筑项目中的应用，其主要目标是确保在项目各个阶段有效地生产和使用 BIM。关于该协议的详细内容，可参见本书参考文献 [64]。

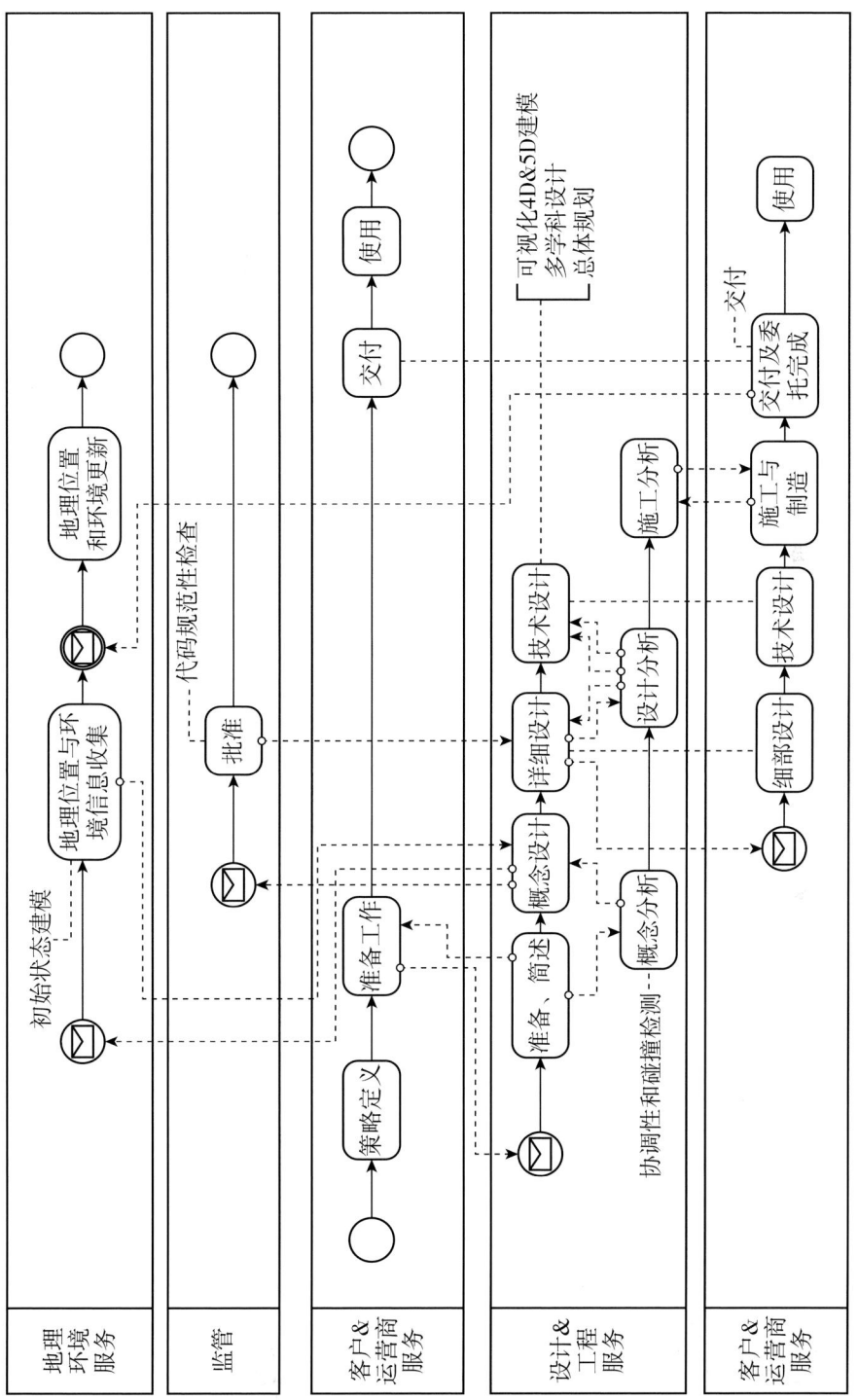

图 3-13 港口和航道工程领域基于具体应用场景的一般信息交换流程图

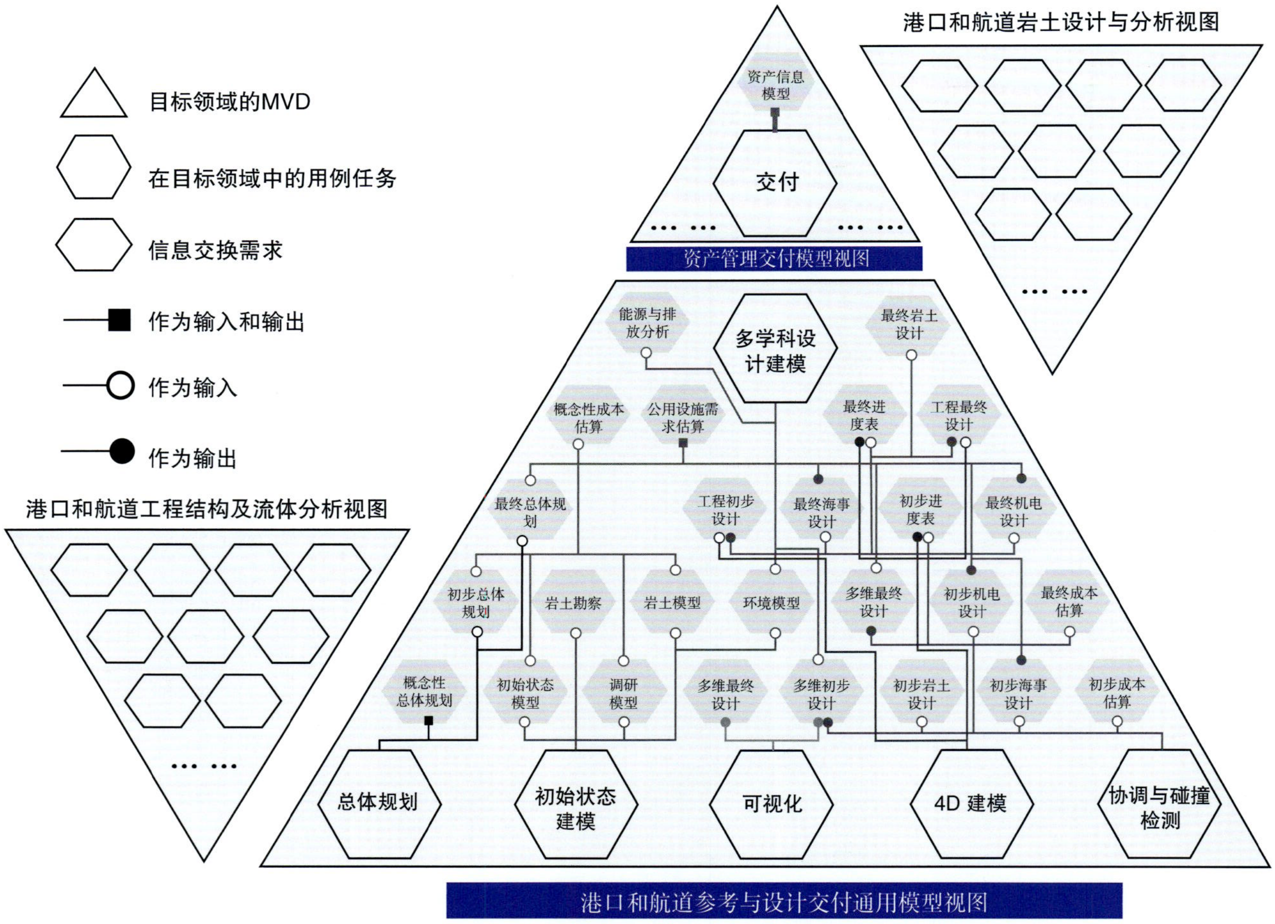

图 3-14 在 MVD 中，展示应用案例任务和信息交换需求之间的关系

"技术设计"阶段的"总体规划"为例，它需要确保设计与施工的一致性，并考虑建模、存储和交付，以便设计和其他阶段的工作能够协同，支持设计管理，确保在项目的各个阶段都可以有效地进行协作和信息共享。

当前的 IFC 框架（如 IFC 桥梁和 IFC 通用模式）已经包含了很多应用案例所需的特性和元素。要确认这些元素是否满足项目需求，需要进行验证和审查。这不仅是一个确保项目能够满足特定领域需求的过程，也是验证 IFC 扩展是否适用于这些情况的关键步骤。

通过分析领域专业知识和现阶段管理流程，可以确定 IFC 扩展开发所涉及的应用案例。港口和航道工程中主要的应用案例及其关键交换场景描述、所需几何和语义元素的需求内容如表 3-1 所示。应注意，并非所有应用案例都需要进行大量数据模式扩展工作，如果它们涉及当前 IFC 已经存在的功能，那么在进行扩展时应当将这些功能明确区分出来。

表 3-1　港口和航道工程项目涉及的应用案例描述及其相应的语义表示

应用案例	描述	语义表示	参与者
总体规划	特定设施的初步空间布局根据设施的容量需求和现有状态模型来决定。这种布局集成了多种可能的配置方案，为未来的发展留出选择余地	相关的容量（例如和电力需求相关的船坞容量），物料通道等	测量员；设计师；施工者
初始状态建模	从各种 GIS 和其他来源收集数据，如地形、土壤条件和现有结构等。然后将这些数据导入 BIM 环境，以便使用 IFC 标准进行数据交换，供未来项目阶段使用	海洋气象参数（大小、方向、重现期等）；环境参数（代表收集的数据和实施限制）	测量员；环境工程师；工程师
可视化	基础设施项目的 3D 可视化能促进团队内部的沟通，也可作为与第三方（包括公众）互动的工具	语义数据涉及三维定义和表面覆盖、颜色或纹理旋转的渲染表现	设计师；可视化专家；客户
协调与碰撞检测	将来自不同领域和不同工作阶段的模型联合起来，以检测干扰（也称为"冲突"）。这有助于复杂项目的全面空间管理	动态结构、产品及关联几何图形，以及项目或监管规则集的语义数据	设计师；协调员；设施经理

续表

应用案例	描述	语义表示	参与者
多学科设计建模	以同步开发的或来自先前阶段的导入模型作为参考,以顺序或并行的方式开发设计模型。这些参考模型允许适度的修改	基于信息交换要求,包含空间和功能分解	设计师;协调员
4D 建模	将施工进度以 4D 形式可视化,以便及时进行优化和审查	根据产品/过程的分解结果来构建语义数据	设计师;施工者
方案交付	涉及项目资产相关的信息,需按照客户指定的法律要求制定	需要表示资产信息的属性和语义对象	设计师;施工者;设施经理

特定的 MVD 作为信息交换的技术基础,用于定义 IFC 的子集以满足交换场景的功能需求。为了降低工作负担,一般可以在一个通用性强的模型视图下运行不同的几个应用案例。IFC 4.3 标准开发中在设计阶段提出了"设计参考视图"和"资产管理交接视图"这两种标准模型视图。这些视图涵盖了相关的应用案例及其在信息交换中相对应的需求,包括基础的物理或空间结构,以及特殊的语义细节。在几何表示方面,这两种视图主要关注边界表达和相应的参数设置,以减少对视图定义的处理要求,从而简化模型的构建和解析过程。

3.4.3　构建概念模型:港口和航道工程的物理与空间元素

在数据模式的扩展中,物理元素用于体现目标领域中设施构成的物理组件。通常,这些元素具有几何形状、位置、材料和额外的物理特性等属性。建筑项目中的各种物理组件,如墙壁、门和窗户等,都会根据它们的功能和特性(例如电气、管道或结构特性)被分配到相应的服务领域。这些组件进一步构成了更加复杂的系统,例如供暖或空调系统。在 AEC 产品中,这些复杂系统被视为相关组件的有序组合,主要以 IfcProduct 的形式表示,对关键实体的关系、附加属性及属性集的修改将根据层级被传递给 IfcProduct 实体。这意味着,当这些特定领域的物理元素实体在工程项目中被使用时,它们将有选择性地继承并应用 IfcProduct 实体的属性以及关系。对于不同类别的元素,如运输元素、建筑元素和分配元素,还可以根据实际需要对其现有属性集进行修改,或添加新的属性/属性集。此外,可以用预定义类型来描述潜在的设施类型(图 3-15)。

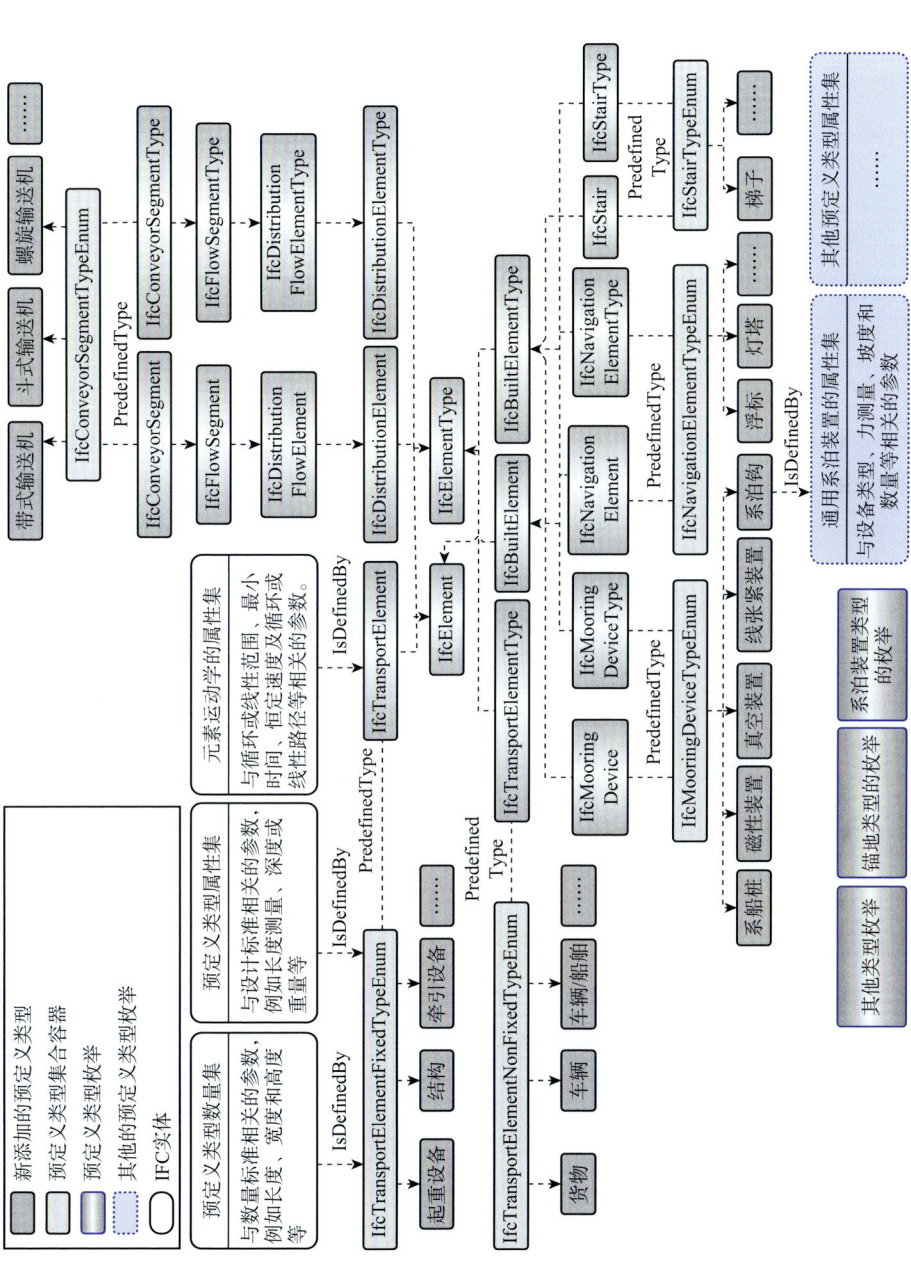

图 3-15 对目标领域中不同物理元素的 IFC 修改和扩展

与物理元素相似，空间元素及其相互关系是基于位置和体积维度建立的项目分层框架。此外，空间元素还包括非层级元素（如空间区域）。在 IFC 中，空间配置是物理元素布局的关键原则，特别是对于复杂结构或非传统结构，它可能与隐含的设计模式有关：例如在办公室设计中，空间配置需要考虑通风、采光等因素，商业中心设计则需要考虑客流量、陈列产品的空间位置等因素。空间元素不仅能够提供一个基于位置和空间的组织框架，还允许在复杂工程中实现更细致的空间细分和管理。通过明确的空间分区，可以更有效地规划资源分配和项目执行。

要组织港口和航道工程项目的空间结构，可以使用 IfcSpatialStructureElement，它是从 IfcSpatialElement 继承的子类型空间结构元素。本案例针对海事设施领域，基于 IfcSpatialStructureElement，进一步创建了海事设施（IfcMarineFacility）子类型，用它来表达海事设施的空间元素及其相关属性，并定义和管理与特定海事设施相关的空间和结构需求（图 3-16）。

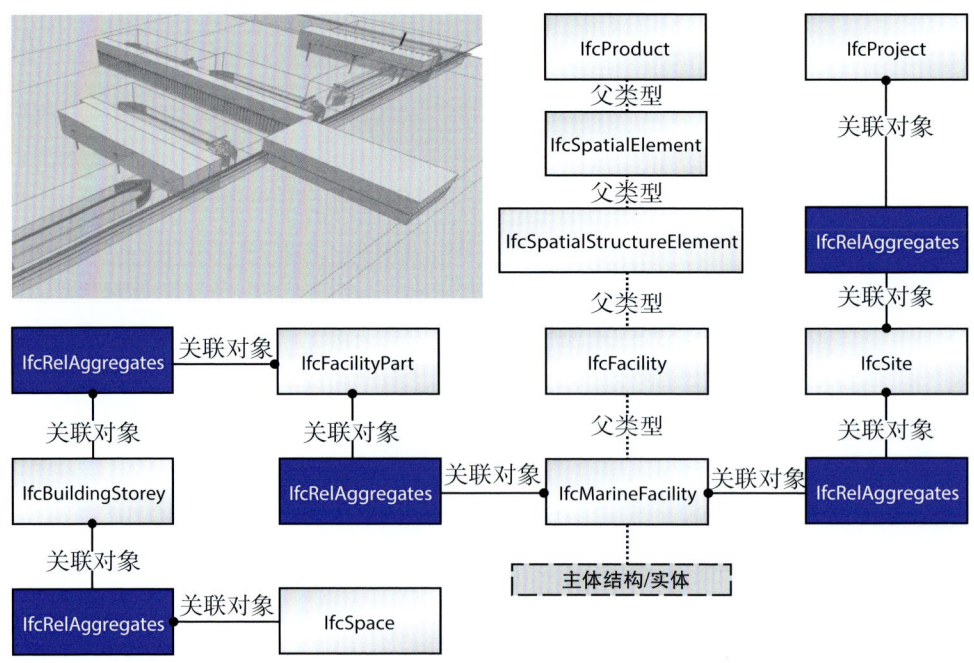

图 3-16　IFC 4.3 标准扩展中的空间结构元素组成

在 BIM-IFC 标准中，每个层级对应一个特定的空间结构元素。这些元素包括但不限于：

场地（IfcSite）：用于描述项目中的场地，通常作为项目的顶层元素；

设施（IfcFacility）：表示特定的建筑设施，可以是建筑、桥梁、隧道等；

设施部分（IfcFacilityPart）：用于表示设施（IfcFacility）的特定部分，类似于建筑楼层（IfcBuildingStorey）和空间（IfcSpace）对应建筑（IfcBuilding）的特定部分。

上述元素可以独立存在，也可以以聚合或部分的形式存在，这意味着它们可以单独表示某个实体，或作为其他实体的一部分存在。这些元素之间的关系通过 IfcRelAggregates 来定义，它描述了两个层级之间的聚合关系。例如，项目的顶层实体 IfcProject 可以通过 IfcRelAggregates 关系与下一层的一个或多个元素（如 IfcSite）相关联。此外，空间结构元素还可以与其他类型的元素和系统，如建筑元素或机械、电气和管道（Mechanical, Electrical & Plumbing, MEP）元素相关联。

在面向港口和航道工程领域的扩展开发中，创建 IfcMarineFacility 子类型后，使用 IfcRelAggregates，将扩展实体与 IfcSpatialStructureElement 的子类型相关联，从而构建项目的空间结构。在扩展中需要详细阐述扩展后领域信息实体之间的关系，包括更高级别的实体（IfcFacility、IfcFacilityPart）与相应的较低级别实体（如 IfcMarineFacility）之间的关系，明确各实体的类型、属性、数量和数据类型等。

从设施管理的角度来看，扩展中的港口和航道工程领域的信息实体以 IFC 的形式被定义和描述为一个整体。它主要分为两个内容：设施（Facility）和设施部分（Facility Part）。设施代表港口和航道综合体/网络的离散单位，也用于代表顶层综合体。在更广泛的项目背景下，这些设施具有高级别的功能要求，主要通过设置 IfcMarineFacility 及其相关的属性集/数量集、预定义类型和其他枚举类型来定义。

如图 3-17，IfcMarineFacilityTypeEnum 与 IfcMarineFacility 相关联，它将所有可能的水运工程海事设施类型定义为枚举。新定义的值与实体类型相关联，包含在该实体下更具体的枚举类型中。因此，这些实体可以被声明为 IfcMarineFacility，并通过添加类型枚举值（如船坞或船闸）对设施进行分类。运用这种方法能更具体地定义模型元素，使之可以作为 IFC 文件中的对象类型导出。它还可以用于基础设施数据管理,以添加所需类型。每个预定义的枚举类型中都包含属性集,如 IfcMarineFacilityTypeEnum 中包含的 PSet_ShipyardCommon 属性集和 PSet_DesignCriteria 属性集。IfcFacility 所具有的属性集/数量集可以被 IfcMarineFacility 通用。

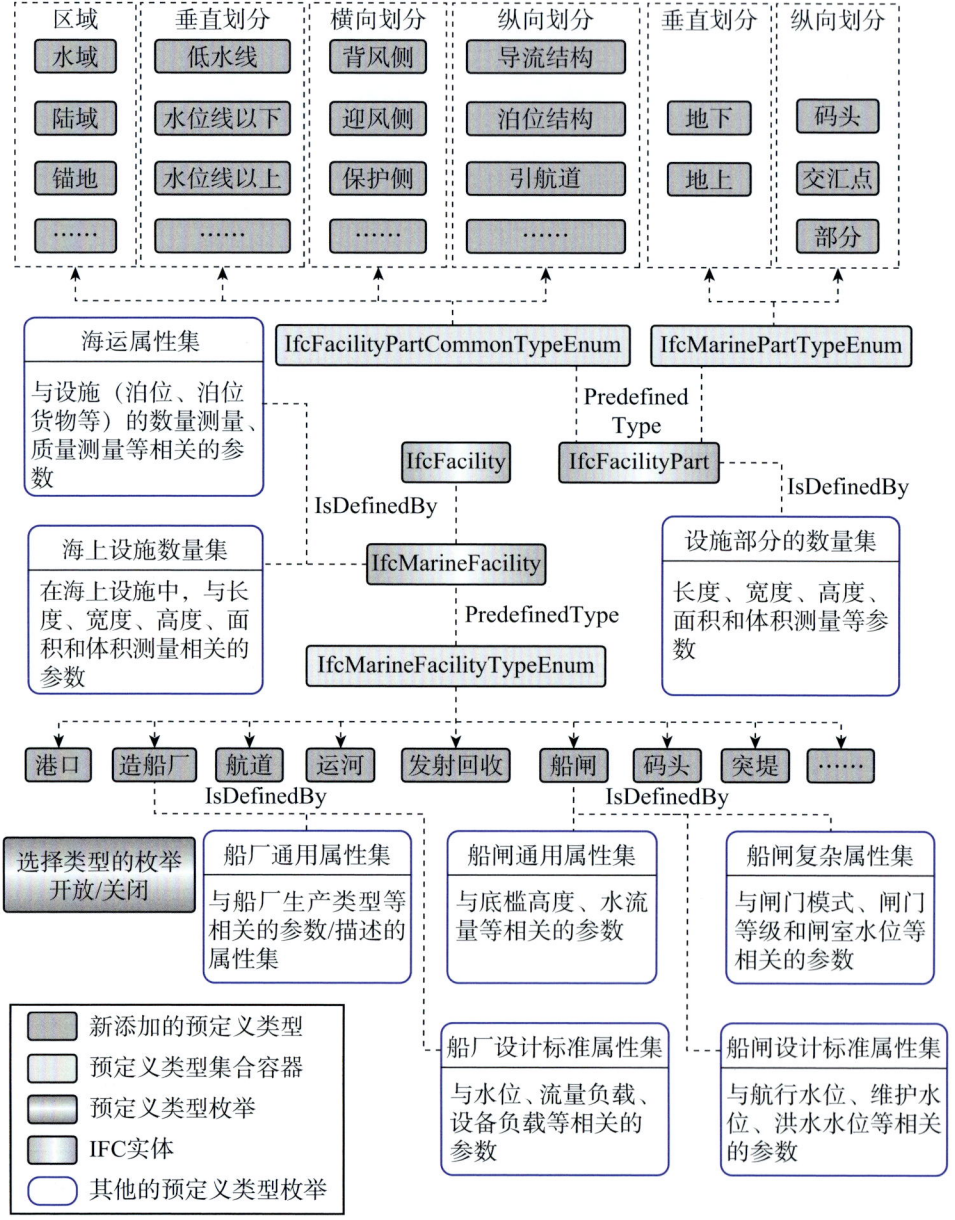

图 3-17　对海事设施领域不同空间元素的 IFC 修改和扩展

"设施部分"则按照管理需求、位置或体量关系，将"设施"进一步细分为部分实体。这些部分中的每一个实体也都具有与其父设施相关的功能需求。与 IfcMarineFacility 类似，对 IfcFacilityPart，也可以设置属性集如 IfcFacilityPartCommonTypeEnum 和 IfcMarinePartTypeEnum 等，来定义不同类型的设施部分。如图 3-17 所示，IfcFacilityPartCommonTypeEnum 从一般区域、垂直、横向和纵向的视角来划分设施部分，IfcMarinePartTypeEnum 则基于垂直和水平方向划分来描述设施部分的预定义类型。同时，这些类型还可以根据信息需求中的具体参数，进一步添加所需的属性集。

3.4.4 应用与验证（1）：总体规划模型导出

在完成 IFC 的架构扩展后，下一步重要工作就是使 IFC 文件能够被编写、读取和交换。Revit 允许项目参与者使用其工具链 API 和 SDK 进行插件开发，用于 IFC 扩展模型测试和验证，并创建所需的 IFC 示例数据。Revit 的 IFC 导出功能允许通过内置的默认值和用户自定义设置（包括导入扩展 IFC 模式并添加相关的导出选项），将任何模型的族、实例和类型映射到特定的 IFC 模式中去。

IFC 数据模式的导出和应用可以用相关领域的模型来验证，下面将以一个船坞模型为例来构建和导出数据，并验证其是否满足总体规划阶段的简单信息需求，主要步骤为：首先，在概念阶段对港口或船坞进行初步布局和规划；然后，在 Revit 中使用正确的映射和空间元素对概念性总体规划模型进行标记，从而在模型中生成所需的代表性结构；最后，将该模型作为 IFC 扩展后的新模式导出，并在能够读取最新 IFC 模式的查看器中打开以进行查看（图 3-18）。

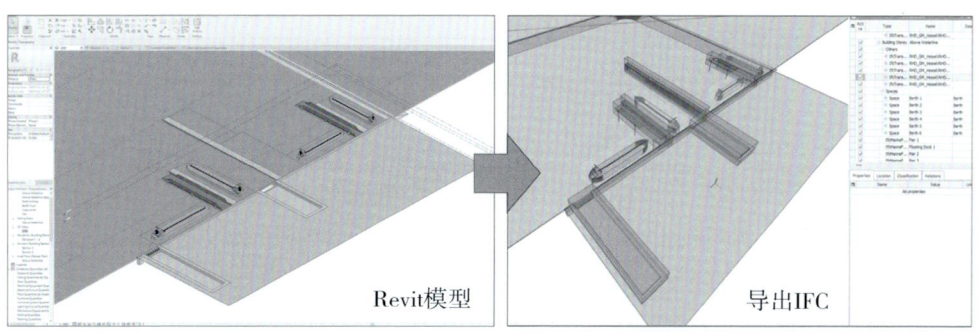

图 3-18　将基于 IFC 4.3 标准的船坞简单模型从 Revit 导出，用于总体规划的演示

在 Revit 中，可以通过调整导出参数集对其进行扩展，以包括新的数据类型和属性集，并考虑新的空间结构机制。为了实现面向应用场景的基础设施项目的导出，Revit 需要覆盖的不仅是场地和建筑物，还包括扩展中定义的空间元素。现有的 Revit API 框架已对 IFC 实体获取和导出参数进行了调整，例如设置静态方法"CreateMarineFacility"将 Revit 模型中的相关设施元素映射到 IfcMarineFacility 实体中，并合并模型中的多个参数。这些参数包括全局唯一标识符（GUID）、所有权历史（Ownership History）、名称（Name）、位置（Placement）和描述（Description），以及与目标元素相关的类型（Object Type）和其他参数等。

此类方法利用 Revit 开发库在目标文件中创建一个新的数据实体，并获取元素的名称、描述和对象类型：如在 Revit 开发方法中使用"IfcAnyHandle"这样的类来表示任何类型的 IFC 实体。这种类型的句柄通常用于 IFC 实体的临时存储或传输，并可以使用更具体的功能或方法来操作句柄所代表的具体实体，例如添加和修改属性（图 3-19）。这种灵活性使得在进行复杂项目的 IFC 导出时，可以根据特定的项目需求和标准来定制详细信息和属性，从而提高信息交换的准确性和有效性。

```
public static IFCAnyHandle CreateMarineFacility(ExporterIFC exporterIFC,
    Element element = null, string guid, IFCAnyHandle ownerHistory,
    string name = null, string description = null, string objectType = null,
    IFCAnyHandle objectPlacement, IFCAnyHandle representation,
    string longName = null, IFCElementComposition compositionType, string predefinedType)
{
    IFCAnyHandle marineFacility = CreateInstance(exporterIFC.GetFile(), IFCEntityType.IfcMarineFacility, null);
    if (element != null)
    {
        name = NamingUtil.GetNameOverride(marineFacility, element, element.Name);
        description = NamingUtil.GetDescriptionOverride(element, null);
        longName = NamingUtil.GetLongNameOverride(element, element.Name);
        objectType = NamingUtil.GetObjectTypeOverride(element, null);
    }
    SetSpecificEnumAttr(marineFacility, "PredefinedType", predefinedType, "IfcMarineFacilityType");
    SetSpatialStructureElement(marineFacility, element, guid, ownerHistory,
        name, description, objectType, objectPlacement, representation,
        longName, compositionType);
    return marineFacility;
}
```

图 3-19　IFC 导出参数的功能类

在这个船坞设计的 IFC 验证过程中，开发者不仅关注如项目层级、构件族群、类型定义和具体实例等传统的设计要素，还引入了额外的参数设定来强调其属性扩展。这些高级参数设置使用户能够在更广泛的场景中精确地应用模型，确保设计的每一部分都能与国际建筑模型标准 IFC 框架形成准确的映射，例如可以通过设置特定参数，来决定一个设计元素是应该作为垂直构件（VERTICAL）类型在

IfcFacilityPart 中表示，还是作为一个初始楼层实体（IfcBuildingStorey）来表示。这种灵活性允许用户更细致地控制模型中元素的层级和分类。

此外，还可以引入参数来指导空间实体如何分类，如通过新的预定义类 IfcMarineFacility.SHIPYARD 来替代传统的 IfcBuilding 实例，这一点对于船坞这样的特殊工程尤为重要。按照这个思路，就可以根据项目具体需求，将船坞、起重机等设施精确地归类于最合适的 IFC 类型中。除此之外，通过对群组和模型实例的细致映射，还能够将这些实体关联到具体的空间元素，以进一步提高模型的可用性和准确性。

上述细致的参数设置和调整过程，能够确保设计和施工要素在 IFC 中得到准确表示，为船坞及相关基础设施项目提供一个更加精确和可靠的设计模型。

3.4.5　应用与验证（2）：用所扩展的 IFC 实现项目设计管理

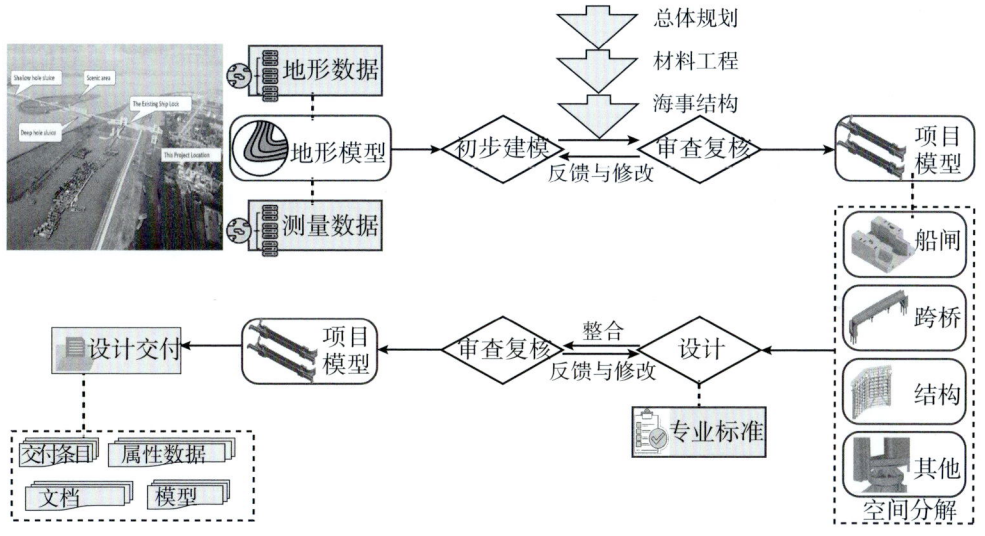

图 3-20　船闸设计工作流程

如图 3-20，为了明确 IFC 扩展在项目设计阶段的应用情况，需要考虑项目设计过程和管理场景所需的相关信息实体以及信息交换过程，确保设计建模中的"初始状态建模""可视化""协调碰撞检测""多学科设计建模"，以及关于"质量检查"和"交付"的信息交换需求都得到满足。这实际上是从应用案例和信息交换层面上对 IFC 扩展的综合应用。例如，"初始状态建模"和"可视化"任务必须确保项目早期阶段的所有参与者都能清晰理解设计意图；"协调碰撞检测"和"多学科设计建模"任务则需要能够识别和解决潜在的设计冲突，以提高项目设计效率；"质量检查"和"交付"任务环节的信息交换则需确保项目达到既定的质量标准，以便交付过程顺利完成。

不同阶段对于模型信息的深度和交互要求各有不同，所以对 IFC 的导出操作也存在差异。下文以一个船闸项目中的综合测试应用和信息交换为例，展示如何对导出的 IFC 模型进行应用和验证。具体目标是在概念设计和详细设计阶段，利用 IFC 导出功能来促进各方需求之间的沟通和审查，确保合规性，从而检查整个 IFC 扩展模式的工作流程和可行性。

首先，需要收集船闸项目的样本数据和模型。船闸是一个综合性系统，涵盖了多样的结构和子系统，诸如桥梁、相邻道路、水力调节阀、周边建筑以及船闸本身等。第一步是基于现场测量所得的地形地质等数据进行初始状态建模，这为信息交换奠定了基础。第二步，将这些实际数据通过总体规划加以整合，融入工程流程和设计规划中。在完成这些步骤之后，还应对模型进行审查，这是质量检验过程的一部分，即通过 IFC 导出的信息对相关信息项进行检查，从而进行方案修订。第三步，对设施及其组成元素进行空间分析，这一步骤是为了将具体的工作任务分配给负责不同技术组件设计的专业人员。最后，将基于明确的空间层次结构的任务细分结果（包括 BIM 模型、文档和数据集）整合进模型中，并对这个集成模型进行进一步审查，以确保其质量并获得正式通过，可继续为项目的后续阶段服务。上述过程不仅能够验证 IFC 扩展在设计管理中的实用价值，也为类似的基础设施设计项目提供了一个明确的工作模板。

其次，IFC 标准在扩展中可以与专业领域的建模和模型管理策略相结合。这种策略采用了一个分层的体系结构（图 3-21），通过这个体系结构，能够有效地对模型进行分类和管理。在传统的基于文档的数据管理环境中，这种体系结构被视为对文件的分层管理，它包含了不同的层次。这个分层系统不是随意设定的；每一层都建立在前一层的基础上，继承并扩展了前一层的信息，并且可以包含新扩展的实体和属性，从而使得每一层都信息丰富。例如，一个层级可能包含了基本的设计信息，下一个层级则在此基础上增加了特定的设计细节和属性，如此逐层深入，直到达到最细节的设计和信息层级。该策略利用 IFC 的相对完整的空间结构,按学科对模型进行分区处理,这是一种重要的模型管理思路。

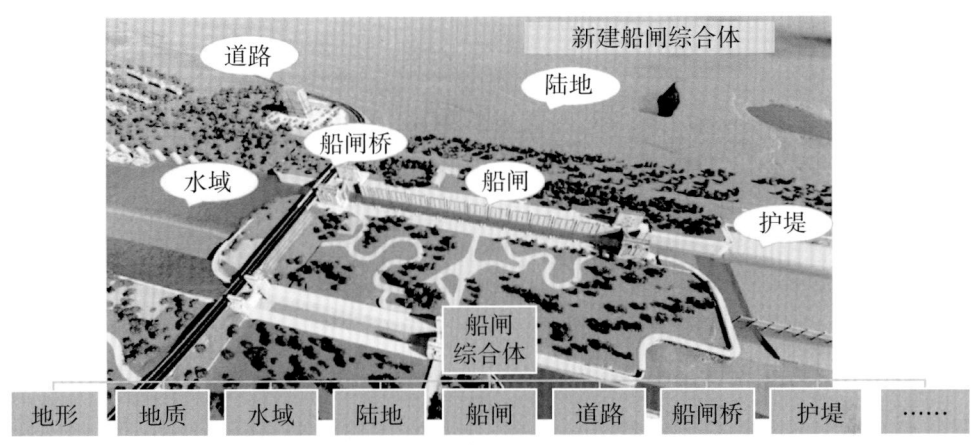

图 3-21　船闸模型中不同层次的设计管理信息

在此处的船闸案例中,模型本身封装了整个项目中与船闸综合体相关的元素,包括自然特征(如地形和地质),组织元素(如水域和陆域区域),以及构建实体(如船闸、横跨船闸的桥梁和护岸)。这些都汇集在船闸综合体项目中,作为模型的空间基础。如图 3-21，更高级别的信息管理角度专注于"体量级"（Volume Level）的子模型。"体量模型"以 IfcGeotechnicalModel 和 IfcStratum 子类型为代表，是用新的岩土特征和地形数据建立的。此外，船闸模型是使用数据模式扩展中的新空间实体 IfcMarineFacility 和 IfcFacilityPart 以及预定义的属性创建的。横桥和道路元素则使用如 IfcRoad 和 IfcBridge 等实体来创建。

在更精细的建模方法级别上，本船闸案例使用 BIM 软件创建了学科级（也可称为专业级）、组件和设备级及零件级的模型。这些模型将船闸门头分解为几个专业化的部分，即分别面向结构工程、照明和电源供应、电气控制系统和金属门施工等领域的单独的模型，它们可以由各自负责这些组件的专业设计人员独立交付，或者被合并到一个综合的船闸体积模型（联合模型）中（图 3-22）。

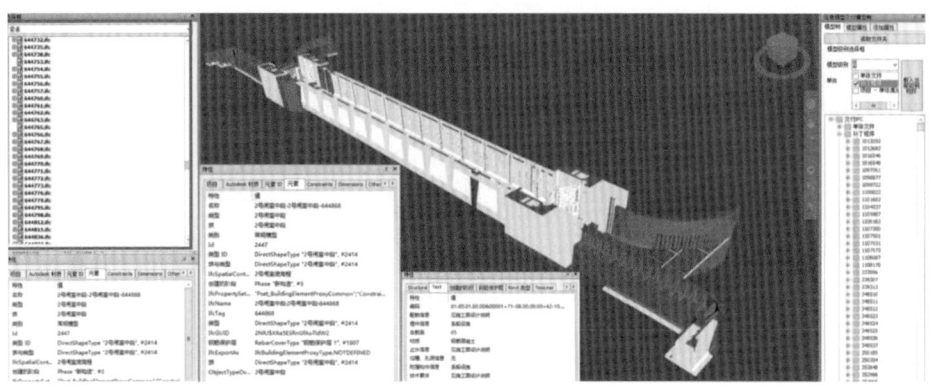

图 3-22　船闸的联合模型

在设计信息管理过程中，使用已有的 IFC 架构构建模型的方法，对于大型组件（如船闸门）具有较好的适用性，例如可以使用 IFC 通用模式中的 IfcDoor 或 IfcElementAssembly 对其进行数字化表示。尽管传统上 IfcDoor 被用来表示为人类使用而设计的建筑物中的门，但在像船闸这样的基础设施项目中，建模对象往往更大、更复杂。在这种情况下，IfcDoor 作为一个有效的聚合对象，配合 IfcRelAggregates 使用，能够将这种大型结构的各种组件，如 IfcPlate（门板）、IfcDiscreteAccessory（铰链）和 IfcBearing（轴承）等子组件整合在一起，从而灵活地表示船闸门这样复杂的大型结构。由此可见，这种方法的灵活性能够极大地提升对复杂大型组件建模的能力，并确保模型的精确性和实用性。在船闸设计的场景中，这种方法特别重要，因为它不仅能够将各种信息和组件整合到一个统一而协调的模型中，还能够向客户提供一个全面的设计概览，既可以确保设计的完整性和一致性，又保证了用户对设计细节的深入了解和控制。这种使用扩展模式的策略，展示了 IFC 扩展在基础设施设计和建模方面的应用深度和广度。

以上船闸案例展示了 IFC 扩展作为 openBIM 应用体系的基础数据模式在数据交换方面的实用性，及其在设计项目的具体场景中如何应用。此案例所举例的场景虽然侧重于港口和航道设施类型，但其应用与验证思路也适用于其他基础设施的设计和管理过程。

本章深入探讨了面向基础设施领域的 IFC 数据架构扩展的方法体系：首先，通过定义扩展的应用范围，阐明目标领域中知识、数据模型及其与 IFC 之间的关系；随后，通过信息需求分析，确定扩展领域中各阶段具体应用场景下数据实体和属性的分类需求；接下来，通过建立概念模型，运用基础模型语言对扩展内容进行构建；最终，通过项目数据模型导出和信息交换，实现 IFC 扩展模型的验证。

在整个扩展过程中，不仅要考虑扩展目标领域和计算机应用中现有模型系统的要求，还要不断优化扩展路径。这样的过程需要依靠专业经验（通常来自领域专家），以确定信息实体是属于 IFC 实体层次结构，还是应集成到 IFC 中作为类型并分配相关属性等。本章介绍的案例本身基于 IFC 标准项目开发，故项目启动时已进行了关于信息分类的深入讨论；而对于企业实践，往往急需在较短的时间内开发出适用于新场景的数据管理系统。因此，本章实际上更注重提供一种方法论框架，帮助开发人员进行"精炼"的数据模式扩展，使其便于集成到软件环境中并提高数据管理效率。此外，随着自然语言处理和迁移学习算法（如 GPT）的快速进步，标准扩展过程可以大大加速。在应用 AI 技术时必须明确的是，IFC作为建筑、基础设施以及城市信息化的核心数据模型，能够支持基于图数据的管理特性，促进后续阶段项目知识库的应用。AI新技术不仅可以用于自动化数据模型构建，还可以应用于复杂的场景模型、数据交换，以实现基础设施更高层次的数字化应用。

IFC作为全球AEC领域的通用基础模式，正在逐渐统一建筑行业中的语义信息，使其能够广泛地被计算机阅读和翻译。目前，IFC已在全球几乎所有主流BIM软件中得到应用，并已成为数字交付的核心内容。展望未来，建筑领域需要进一步探索这一主题，研究如何使用新兴技术进行标准扩展，并加强与其他专业领域的交叉合作。同时，IFC数据模式的扩展和应用对企业也至关重要。本章基于openBIM方法系统的框架，使用现有数据集对IFC扩展进行模拟场景测试，然而，在实际的项目环境中可能会出现其他问题，这需要项目管理者根据模型分级系统或数据管理方法灵活调整数据结构。

本章介绍的内容更多侧重于数据模式的扩展，并没有为设计管理中数据模式的应用方法提供明确的定义。未来还需要进行更多专业研究与实践，以改进多学科设计应用案例的信息交换流程，确定复杂场景领域中更有效的模型视图定义。

总体而言，openBIM开放数据标准的应用和扩展对于AEC企业的数字化转型至关重要，尤其是在尚未充分探索的领域，因为这些领域往往缺乏完善的数据模式。为了推动这一问题的解决，软件开发者和行业专家需共同努力，持续推动开放数据标准的扩展，以适应不断变化的技术需求和市场条件。建筑行业也必须努力维护这些标准，以提高技术生态的开放性和适应性，使交互的数据模式可被计算机更准确地读写，提升行业的效率和创新力。

4

BIM 与本体知识模型
用于建筑价值评估

4.1 建筑项目价值评估概述：以物有所值评估为例

建筑类项目，尤其是大型建筑类公共采购项目，需要在项目前期进行面向价值、可行性、财政承受能力等的一系列评估，从而确定最终的采购方案。以价值评估中比较有代表性的物有所值（Value for Money，VfM）评估为例，其不仅是早先的公私合营项目❶（Public-Private Partnership，PPP）的概念前身"民间主动融资"❷（Private Finance Initiative）中提出的一种重要的决策工具和手段，还与对项目的全生命周期至关重要的绩效评估（Performance Assessment）密切相关。物有所值评估中包含了项目成本造价、风险等相关因素，包括定量和定性两种形式，并且涉及对当前拟采用的采购模式与传统的采购模式进行对比，从而证明当前采购方案（含规划和设计内容）更具优势[65]。其中，定量评估以造价预概算为例，目的是对拟采购方案的建设成本及效益进行货币化衡量，在计算过程中需整合来自建筑工程、财务、项目管理等领域的多元知识[66]（图4-1）；定性评估则是考察项目能否实现高水平绩效。

物有所值评估在建筑项目的全生命周期都具有重要意义。例如，在项目初期，物有所值定量评估是预测项目经济效益的重要手段，由此计算的项目成本，还与项目整个生命周期的净现值（Net Present Value）❸密切相关。❹在项目的决策阶段进行物有所值评估，可以模拟方案的竞争力，并将评估结果用于优化围绕传统资本和社会资本的决策。许多国家建议价值评估至少在采购的初始阶段进行一次[65]。在此基础上将BIM应用体系引入建筑项目价值评估，充分发挥BIM标准化应用体系的自动化潜力，可以使得项目评估结果对实际建设发挥更大的指导意义和参考价值。

---

❶ 是一种政府与私营部门合作的模式，利用私营部门资金、技术和管理优势来提供公共服务或基础设施。
❷ PPP概念前身，由英国财政部提出，通过私营部门资金和运营来提供公共服务和基础设施的财政模式。
❸ 一种投资项目财务可行性评估方法，将未来现金流量以一定折现率折现到现在的总和，以确定项目总价值。
❹ 这是由于成本计算的核心部分即是基于项目资源的成本，项目的设计、建设、运营及维护成本需纳入相关咨询服务费用。

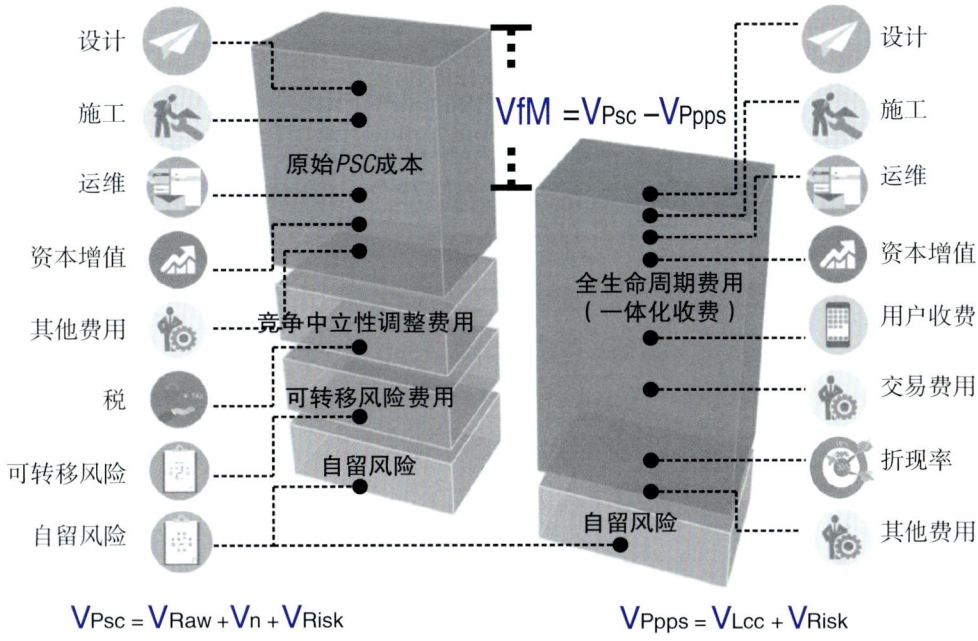

图 4-1　物有所值定量计算模型[57]

图 4-2 展示了一般的物有所值价值评估流程，项目客户是主要执行的推动方，将委托或雇佣评估专家，基于可用的项目信息来进行评估。定量评估与定性评估对信息有不同的交换需求。对于定性评估，通常需要提供项目文档等反映项目综合策略和采购方法等的信息，包括业主信息、项目范围和描述，以及其他项目简报、历史材料、可行性研究等文档。随着 BIM 标准化的发展，未来这些信息都可以连接到 BIM 数据管理系统中，使评估执行者可以在一个统一管理的环境中直接获取它们❶。定量评估（如建设成本评估）则需要提供拟采用的采购模式策略，以及合适的参考项目数据。据此可以制定基于 openBIM 的物有所值评估信息交换流程图。在物有所值评估中，首次信息交换的任务就发生在建筑工程项目采购的最初阶段；定量评估如成本估算则往往涉及额外的信息交换要求，且类似的定量评估理应贯穿项目全生命周期，在项目不同阶段采用不同的计算方法，每种方法都遵循清晰的步

---

❶ 然而，这一发展趋势目前仍停留在可行性论证层面。目前绝大部分的应用中，BIM 系统包含的信息仍主要反映建筑工程中的三维模型、设计细节、材料等信息。

骤与程序。在此前提下，如本书前几章所述，为应用场景制定流程图非常重要，这不仅可以确保项目评估的系统性和有效性，还保证了各方参与者在公共采购项目中的协调一致。

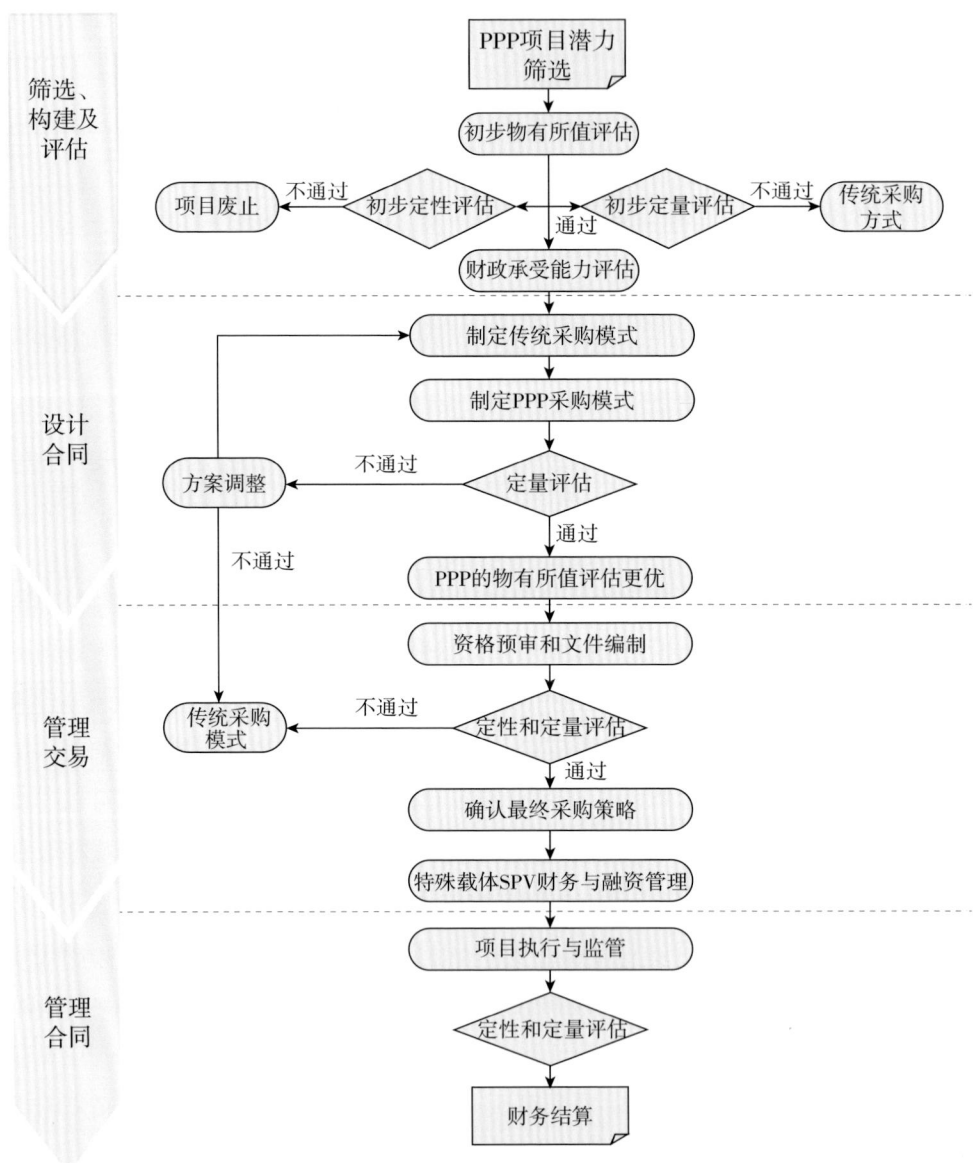

图 4-2　物有所值评估流程示意[67]

目前，大型公共建筑工程及采购项目的价值评估仍然缺乏一个有效的信息查询系统来支持评估所需的数据检索，且评估所需的信息来自多个源头，增加了信息交换的复杂性。对于更新和迭代的数据库，目前也缺乏标准化的计算方法，这限制了 BIM 在项目全生命周期内持续支持评估的能力，可能影响如项目的后评估等方面。此外，当前的成本计算仍有许多方面无法实现自动化计算处理，这是由于价值评估自动化水平与当前建筑工程项目全生命周期的信息整合程度高度相关，后者目前仍是一个亟待发展的领域。

4.2 BIM 与项目价值评估研究现状

4.2.1 标准化 BIM 数据在建筑类项目价值评估中的应用潜力

标准化 BIM 的应用能够对项目方案前期的价值评估产生积极影响。一般价值评估由业主方（客户）驱动，由设计、施工和制造阶段主要的承包商进行配合，甚至一定程度上会考虑由潜在运营方参与。面对这种需求，BIM 的"建筑信息管理"功能展现出强大的适用性，它能够为建筑项目建立可以控制成本的集成信息管理系统。联合后的 BIM 模型则具有更大潜力，能帮助承包商进行方案合规性检查，还可以进一步实现多场景智能管理[68]。

如今，BIM 的相关研究和实践已经逐步拓展到项目价值的定量和定性评估。在过去十几年的相关研究文献中，以"BIM""成本""采购"和"质量"为关键词的高相关研究论文就达到数百篇。

从定性评估的角度，许多研究探讨了 BIM 如何帮助提升项目质量或建筑方案设计的绩效，包括 BIM 在项目内部质量控制方面的应用。相关研究还表明，BIM 技术在建筑行业的普及已经从工程信息管理扩展到采购管理领域，所以涉及 BIM 文档和合同管理的研究就凸显了更多的价值。一些研究提出，未来可以通过强调 BIM 合同条款，将更多行业需求整合到现有合同中[69]。然而，专注于采购层面的信息管理的研究相对较少。在这方面，当前 BIM 应用水平在实践中的一些局限性也凸显了出来[70]，例如，虽然 BIM 被用于提升项目的数据集成质量，且有助于考虑项目对环境的影响等因素，但这些关注点通常集中在具体对象或单个组件的级别上[71]。这意味着尽管使用 BIM 有助于提升单个建筑元素的质量,但在更宏观的项目管理层面,如整个项目流程、时间线和成本管理等方面,BIM 的标准化数据和应用体系还没有得到充分的发展。

从定量评估的角度,有些研究专注于利用先进技术进行建筑项目的成本管理。这些研究涵盖了从具体的成本计算、工程量量化到项目时间表管理等多个方面。其中,一部分研究特别强调了利用 BIM 技术来促进基于成本的管理和对建筑全生命周期的综合评估。此外,还有部分研究提出将基于 BIM 的成本评估与其他领域的知识结合起来,使评估结果具有更多参考价值。也有研究提出在建筑项目招标过程中使用 BIM 数据模式标准 IFC,建立基于 BIM 数据的评估模型[72],或结合项目全生命周期产生的 BIM 成本数据,进行更加全面和精确的成本计算等[73]。这些研究展示了 BIM 技术在定量成本评估与控制方面的应用潜力。(图 4-3)

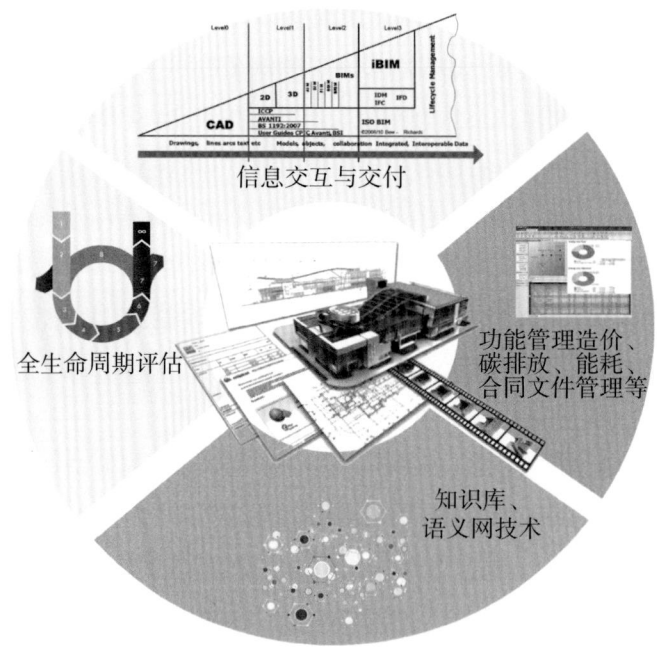

图 4-3　BIM 用于项目建筑信息管理的概念图[57]

从现有研究可知,基于 BIM 的项目信息交换可以在价值评估中连接定量和定性两个方面的元素,但目前尚缺乏对智能化评估可行性的讨论。当前的价值评估实践缺少相关支持数据和完整的评估框架，无法形成一个全面的信息系统来适应项目进展中不断变化的信息需求。从这一点出发，BIM 可以用其标准化的数据模式来表示项目对象和其他信息，如文档、元素实体和属性等。此外，在基于 BIM 的结构化信息交换和流程中，专家也可以通过评估的工具或平台，自动获取评估所需的信息。信息在交换过程中可与不同的项目知识库连接，提供有效数据来促进项目决策。表 4-1 列出了在项目采购的不同阶段 BIM 所能提供的支持性功能，展示了现有的 BIM 应用和标准体系在项目价值评估中的作用。

表 4-1 BIM 功能、方法、工具与项目价值评估内容（含定量和定性评估）的关系[57]

采购阶段	物有所值评估内容	BIM 功能	工具/方法/载体
项目筛选	构建价值评估方法体系	信息格式化	数字化工作计划（DPoW）；业主信息需求（OIRs）
项目策划、立项与评估	定性评估（全项目生命周期的整合；运营灵活性；风险管理；合同和资产持续期；激励和监控；市场兴趣；高效采购）	合规性检查；语义 BIM 方法；文档查询；信息交换；模型仿真	ProjectWise、InfraWorks 360、BIM 360™ Viewpoint 等管理软件、平台；通过 BIM 与语义网技术实现文档信息管理
	定量评估（对建设成本、运营成本、交通成本、人力资源成本、与风险相关的成本及其他成本的计算和评估）	成本分析；工程量清单	Solibri、CostX® 等 BIM 造价软件；通过 BIM 与语义网技术实现成本信息整合等

在项目采购的初步筛选阶段，对项目的投资规划、非正式提案和初步成果可以使用简明用语描述问题（Plain Language Questions，PLQs）来表达或查询，这种简单、清晰、直接的方式可以确保信息对广泛受众来说是易于理解的。同时，可结合数字化工作计划（Digital Plan of Work，DPoW）❶ 从起始阶段开始优化信息交换。此阶段的重点是将信息集成到初始资产管理查询中，以反映客户需求。虽然在项目早

---

❶ "数字化工作计划"指利用数字化工具和流程来规划、管理、执行和维护建筑项目的全过程，通过整合和优化信息流动来提高项目的效率和质量。

期阶段，可用的信息可能不足以生成完整的价值评估结果，但可以运用它们构建 BIM 执行计划和应用标准，为后续信息传递创造有利条件。

在项目策划、立项阶段，需要进行结构化评估，关键在于确定评估的基本要素，这涉及一系列重要的过程和信息，包括对风险的识别和分配、对项目可行性的研究，这些都是项目执行计划（Project Execution Plan，PEP）[1] 的重要部分。在此阶段，理论上可以通过整合领域知识和 BIM 数据，为评估模型提供风险事件列表。比起项目数据不足的前期，这一阶段有了方案规划和设计的数据支持，可以进行更进一步的预概算等计算。

BIM 环境允许项目的各参与方共享和交换关键数据，以满足业主和承包商的信息需求。这种信息共享在定量评估中通过构建 5D BIM 模型来实现，即在方案的三维设计模型中再融入成本和时间维度的信息。这意味着项目的数字模型在设计阶段就包含相对细致的资产信息。

目前，已有多种基于 BIM 的成本量化软件可以提供高效的计算，从不同方面支持建筑项目价值评估。与传统方法相比，基于 BIM 的价值评估可以同时根据 BIM 历史数据以及当前方案的实时、动态信息来进行，这有助于增强评估结果的准确性并促进更高效的项目管理和决策。

然而，目前利用 BIM 实现项目价值的智能评估也存在以下问题：

①**评估知识与支持信息的对齐问题**：评估的准确性高度依赖于输入数据的质量，如果输入数据与评估的信息需求存在差异，那么评估的输出结果也会受到影响。当前虽然有大量的价值评估研究使用 BIM 来提供自动化解决方案，但是在评估所需的知识和用于评估的信息之间往往缺乏有效的对齐机制，导致了信息的不一致性和决策支持的不准确性。这一问题在之前的章节也有描述。

②**缺乏标准化、统一的评估方法**：目前市场上的 BIM 软件尚未形成面向新场景应用的统一范式，这导致 BIM 虽然能将其他维度信息集成到模型中，其分析和计算数据的能力却无法得到充分体现。虽然 IFC 架构扩展的研究一直在进行，但其当前的数据类型和接口在财务和组织管理等方面尚未被广泛应用，并且

---

[1] 一个全面的项目执行计划，包含支持文档，强调如何协同工作，包含任务目标、风险、资源、采购策略、施工计划以及委托方管理等多方面内容。

这些项目数据没有统一数据库方法。在这种情况下，从 BIM 提取的数据往往仅能够保证项目内部工程量评估的准确性。因此，需探索集成性更高的方法和应用环境，才可能实现更高水平的数据融合。

4.2.2 语义网技术与评估决策优化

随着设计工具的不断发展和数据量的激增，方案决策的复杂性也随之增加。互操作性，即跨专业学科、跨阶段和利益相关者之间实现无缝信息交流的能力，成为了一个长期的挑战[74]。在数据交换（Data Exchange）❶层面，一些研究旨在构建框架来管理建筑和结构等学科在方案阶段的信息。然而，不同学科间缺乏一个统一的数据交换方法，这导致了集成问题的产生[39]。在 BIM 研究领域，许多研究旨在开发以 IFC 标准为核心的模型转换工具，帮助提取并形成所需的结构模型的必要信息[40]。此外，Hu 等人提出了一个基于 IFC 和算法的统一数据模型，并基于此开发了一个网络平台，旨在解决建筑和结构模型之间的互操作性问题[41]。类似地，Ramaji 和 Memari 等人开发了一种方法，用于将建筑模型转换为结构分析模型。他们使用建筑协调视图作为这种转换的出发点[42]。这些研究表明，通过采用新的技术和方法，可以有效地解决建筑和结构领域中的数据交换和集成问题。

在类似的研究中，不难发现当前的问题集中体现在缺少一个通用的数据模型方法，导致难以实现对所有数据模型的标准化建立和处理。此外，少有研究探讨向其他下游过程提供信息的思路。Won 等人提出了一种能够在不依赖特定数据结构的前提下从 IFC 模型中提取特定部分的算法，这一算法以预定的建筑元素集合为输入，在提取过程中保持了原有的语义关系，可避免数据丢失[43]。同时，Zhang 等人采用 OWL 来提取 BIM 模型的特定部分[31]；Gui 等人开发了一种方法，专门用于提取 BIM 模型中特定领域的信息[32]等。虽然相关研究和开发已提出了多个带有中心 BIM 数据库的协作平台，但随着模型大小的增加，模型管理变得更加复杂，这导致了数据共享的效率降低。但必须要明确的是，在提取和处理 BIM 数据时，考虑数据的语义完整性对于提升信息管理效率是至关重要的。

项目决策制定需考虑经济成本、环境影响和安全应急等多个方面，这些是基于

---

❶ 数据交换是原始数据的传输过程，不同于信息交换。信息交换侧重于对加工后数据形成的信息进行表达和共享。

现有信息和工程知识而分项发展的。但对于复杂的方案设计或场景应用，为了优化方案，需要同时考虑更多因素。在此背景下，需要提供一个联合的设计方法来增强不同学科和设计团队之间的协作，如使用一个联合的 BIM 模型整合来自不同领域、不同源头的数据，在多个方案并存的条件下，可从多个维度对它们进行评估，得到不同方案的可行性。例如，结构工程师在考虑设计标准的同时，通过评估替代建筑材料，可以减少设计方案的隐含碳含量和成本等。目前，尽管许多 AEC 行业从业者尚未深入应用项目方案的"知识管理"概念，但他们已普遍认识到在项目参与者之间分享信息和知识的重要性。这种认识促使他们探索如何将单纯的信息交换转变为更深层次的知识交换[75]。在这个探索过程中，新兴的基于本体的语义网技术进入了 BIM 开发者的视野，它已在知识工程、自然语言处理、协作信息系统和管理等领域发挥了作用。

本书第 2 章已经介绍过，基于本体的语义网技术使工程师能够将特定领域的信息、知识转换为机器可"理解"的模式，促进更高效的信息处理和决策。截至目前，虽然已经出现了很多工程建设领域的知识本体，涵盖了广泛的应用目标，但它们大多数是为了特定单一目的而独立开发的。在更广泛的意义上，建筑工程项目在方案设计阶段仍然需要一种综合的决策方法，这种转变除了能提升项目各阶段的协作效率，还能对各阶段产生的信息和知识进行恰当管理，提升项目质量和相关知识信息的可重复利用性。所以，进一步探索建立针对 AEC 领域复杂场景的知识本体，对于行业发展极其重要。

Pauwels 等人的研究表明，语义网技术能够显著促进跨学科知识的应用[47]。语义网技术为设计人员提供了一个框架和语言，能够有组织地表示信息，并且涵盖人类和机器都能理解的数据模式[76]。它可以用于确立特定领域内概念的层级结构，并描述它们之间的联系。因此，语义网技术可以用来整合 AEC 领域的概念。截至目前，语义网技术已被应用于成本估算[67, 77–79]、能源管理[80]、建筑应急管理[81]、设计流程管理[82]以及安全管理[49]等方面。它还被用于支持不同信息系统间的环境监测和合规性检查[83]。由此可见，在 BIM 应用过程中整合专业知识的本体语义模型，能够增强 BIM 与其他系统的兼容与交互能力。然而，当前大部分此方向的应用都是为服务于单一目标决策而独立开展的，尚无研究主动将 BIM 模型的数据与多目标知识库方法相结合，以支持全面的决策。

4.3 基于标准化 BIM 和本体知识模型的物有所值评估方法与过程

4.3.1 评估方法论：设计科学研究方法论

为了在价值评估中实现面向场景的自动化信息交换，一般采用设计科学研究（Design Science Research，DSR）❶ 方法论来明确自动化价值评估的信息获取需求，进而创建应用并提出解决方案[84]。构建方案的一般步骤如下：

第一步，问题识别和阐述（问题定义阶段）： 基于对项目的理解和现有研究的分析识别和定义问题。

第二步，需求定义与概念模型构建（需求分析阶段）： 在 DSR 方法论中，需求分析是至关重要的步骤。这一步通过解构场景应用过程，帮助开发者明确应用中各个组成部分的相互关系，再基于需求分析构建信息交换的概念模型。本章后续将展示一个物有所值评估案例，在该案例中，开发者对价值评估的整体结构进行了剖析，重点聚焦建筑工程量的成本估算（定量估算）和工程采购定性评估两方面，创建信息交换模板，涵盖建筑、土木工程等多种成本信息需求项以及满足需求的项目文件等。

第三步，设计与开发（开发阶段）： 设计开发阶段涉及解决方案的实际设计和实现，通过应用 openBIM 中的 IDM 方法，对基于 BIM 的业务流程、交换需求和软件解决方案进行综合设计。在开发过程中需遵循场景需求相关指南和指导手册等，从而明确详细流程和信息交换要求，还需要考虑信息需求表达方法的多样性（如支持网络本体语言的方法等）。

第四步，原型展示和验证（验证阶段）： 在 DSR 方法论中，原型（Prototype）展示和测试需要结合实际应用场景来落实。在物有所值评估中，如涉及 IFC 数据模式扩展，在这一步需要基于信息交换要求模板和与 openBIM 体系数据的关联，将信息交换需求与 IFC 功能部分相链接，并开发数据提取工具，在具体项目的 BIM 模型上进行案例验证，以综合评估解决方案的可行性。

---

❶ 是在建筑工程和计算机科学中广泛应用的方法论，专注于解决实际问题，创建实践的工件或解决方案。

第五步，评估与反馈（反馈阶段）： 对案例验证的效率和准确性做出评估，并基于评估结果对开发方案进行优化。对于物有所值评估，则需要评估引入 openBIM 应用后的评估效率和准确性等。

上述步骤展示了在建筑项目中实现自动化信息交换的过程，为开发人员提供了一种系统化的方法来自动化和简化特定场景下的评估过程。下文将针对物有所值评估，对每个阶段的重点内容依次作详细论述。

4.3.2　问题识别：评估的自动化信息交换缺乏 BIM 数据支持

对于大型公共类项目，其采购模型十分复杂，在早期价值评估阶段涉及多方的实时信息交换。本书强调引入 openBIM 体系来实现价值评估中的自动化信息交换以及评估模型的重用。价值评估的指标可参考现有的指导方针和新的工程量造价手册等来获得。

在数据获取的层面上，使用 openBIM 方法，结合 IFC 数据模式扩展，面向不同领域应用场景构建自动信息交换体系。在这一体系中，IFC 作为标准化数据模式，对建筑元素（几何形状、材料属性以及与其他元素的关系）进行详细描述，从而强化领域的信息结构，减少了信息交换过程中信息丢失和误解的可能性。使用 openBIM 方法则可以高效地从 BIM 各个子系统中提取和汇总评估需要的数据，从而自动化生成价值评估结果，其中既包括对建造成本等经济指标的估算，还可以包括反映项目可持续性的关键指标，为"智慧决策"❶提供坚实的数据支持。

4.3.3　需求分析：定义评估信息交换需求

以 PPP 项目的物有所值评估为例，评估包含定量和定性评估两个主要内容。如果定性评估通过，定量评估（成本估算）的信息交换需求需参考模型进行分析，以获取所需的信息[85]。物有所值定量评估相关的公式计算如下：

$$V_{psc} = V_{raw} + V_{cn} + V_r \tag{4-1}$$

式中，V_{psc} 是基于参照项目方案的相关数据计算出的一般采购模式的公共服务合同的总价值，主要由三个部分组成：V_{raw} 代表了整个项目生命周期中的资源成本；

---

❶ 利用数据分析、人工智能和高级技术工具来提升决策质量、效率和预见性的过程。

V_{cn} 代表竞争中立性的价值，该值调整了税率、利率和监管成本等因素，确保政府提供的商品或服务在竞争时不具有可能破坏公平的优势；V_r 代表包含项目外部和内部的与风险相关的成本的定量值。其中 V_{raw} 包含建设与运营成本，与 BIM 高度相关，可被进一步表示为：

$$V_{raw} = C_{CapEX} + C_{OpEX} + C_0 \quad (4-2)$$

$$C_{CapEX} \approx \sum_{k}^{n} C^k U^k \quad (4-3)$$

其中，C_{CapEX} 代表项目设计和建设的资本化成本（不包括资本收益），C_{OpEX} 代表项目运营和维护成本（不包括第三方收入），C_0 代表公共部门其他成本，k 代表将项目工作按一定结构分解后得到的某个特定项目，C^k 代表工程工作项的相应数量，U^k 代表某一特定项目所包含劳动力、材料和设备成本的总体单价。这些数据均来自项目初期的方案信息，因此初期方案信息在成本资本化估算中起着至关重要的作用，为估算运营和维护支出提供基本支持[86]。

物有所值定性评估则旨在判断某一个公共项目的设计方案或采购计划的效益是否有优化的潜力，有助于项目的全生命周期信息管理。表 4-2 参考并总结了国内外财政机构所发布的物有所值评估定性评估项内容，可以看出，定性评估的信息需求并不指向数字模型中的物理信息，更多的是项目级别的信息，这些信息通常来自客户需求调查和报告等，可能是带有编码系统的文档信息或模型中的资产信息等。在 BIM 软件中，它们被储存在项目、建筑元素和设施元素等实体中，可以使用关键字查询，从相关实体中提取这些指标信息。

表 4-2 物有所值定性评估信息需求举例

评估项	描述	相关信息
目标成果 （Objective and outputs）	项目阶段的信息需求基准	项目信息与文档
软服务 （Soft service）	设施管理运营中所需的日常支持服务信息	设施信息与文档
灵活性 （Operational flexibility）	产品灵活性、容量灵活性等信息	资产信息

续表

评估项	描述	相关信息
风险管理 （Risk management）	项目进展初始阶段的风险识别和风险分布情况	风险识别文档
合同和资产持续时间 （Contract and asset duration）	资产在项目生命周期中能提供的预期服务期	项目信息与文档
资产分类 （Asset classification）	各种基于项目类型的信息	资产信息

4.3.4 设计与开发

4.3.4.1 制定场景应用流程图

设计开发应参照 IDM 规范来进行。IDM 本身作为 openBIM 体系的一部分，同时也是 ISO 29481 面向 BIM 应用实现信息化的重要内容[87]。IDM 包含场景应用的流程图制定的相关要求，流程图为项目中的信息交换提供了清晰的指导和结构，用来明确不同阶段所需的具体信息内容、格式和时间节点，是信息交换过程的可视化表达。

4.3.4.2 制定与 IFC 链接的功能部分

为了使信息交换在软件解决方案层面上实现，需要一个技术表述。具体来说，就是建立功能部分，以标准化方式描述信息交换模型的实际技术路线。功能部分在 BIM 环境中可以代表实现 IFC 接口的软件功能函数，以满足交换要求。

4.3.4.3 开发：构建本体知识模型

BIM 应用与本体知识模型的结合具有多种可行路线。本小节将重点阐述 BIM 数据如何通过与本体知识模型的有效结合，为建筑项目的价值评估提供逻辑推理支持。在这个背景下，本体知识模型的引入为 BIM 数据的深层次解析和应用提供了新的可能性。网络本体语言被赋予基于规则的功能，用于从不同的知识库中查询信息，并提供信息管理的路径[88]。

1. 本体构建原则与内容

为项目价值评估构建本体知识模型的过程参照"Ontology Development 101"的指导原则[89]，并遵循万维网联盟（World Wide Web Consortium，W3C）❶的原则，对所创造的内容和规则的知识结构进行合理表述。在这个框架下，结合物有所值评估场景，本体示例包括以下两个部分：

①**工作项目本体**：这个本体专注于定义物有所值评估工作中的定性和定量概念内容。它包括了各种与工作项目相关的分类，如任务类型、成本效益分析和项目执行的各个阶段。这种分类旨在为项目管理和决策提供一个清晰、全面的参考框架。

②**语义推理规则**：这部分专注于描述评估性能与信息项之间的功能和关系。它涉及如何利用已有数据和知识来推断新的结论，或者如何在不同的情境下应用特定的信息。这些规则能在复杂的信息环境中帮助维持数据和信息的一致性和逻辑性。

2. 本体构建工具

构建本体知识模型或知识库需要使用支持本体语言的编辑器和集成开发环境。以通用性强的 Protégé 工具为例，它是一款开源开发工具，包括 OWL/DL 以及相关的语法和功能，开发者和终端用户都可以用它来构建知识库[90]。Protégé 中包含像 Pellet❷ 这样的推理器，提供基于语义和句法标准的推理检查功能，还包含用于创建语义网规则语言（Semantic Web Rule Language，SWRL）❸规则的 SWRLTab 插件，以及由 SWRLAPI 支持的图形界面 SQWRLTab，它用于执行强化语义查询网络规则语言（Semantic Query-Enhanced Web Rule Language，SQWRL）❹，其查询结果可以在 Protégé 中便捷地接收。

4.3.4.4　展示和验证：本体知识模型与 BIM 数据的链接与转换

语义网的核心理念在于赋予机器"理解"在线资源（数据）的能力，使它们能

---

❶ W3C 是一个国际社群，由来自全世界的成员组织、全职员工以及公众共同参与，负责开发 Web 标准。
❷ Pellet 是一个用于推理和知识表示的开源软件包，在本体模型构建中可用于检查和验证句法完整性。
❸ 一种结合 OWL 的本体描述能力和规则语言的表达能力，用于在语义网上表示复杂的逻辑规则的语言。
❹ 一种基于 SWRL 的查询语言，用于对 OWL 本体中的数据进行高级查询和检索。

够像人类一样自动处理信息并作出决策。考虑到手动处理网络上海量增长的信息变得越来越困难，需要构建有效的知识模型，实现同 BIM 之间的语义规则应用。特别是在连接主义❶框架下，知识模型与 IFC 的链接与转换有不同的实现方式。本小节将展开探讨其中两种可行思路，帮助读者更好地理解知识模型与 BIM 数据间的互操作性并在实践中落实，同时在更全面的视角下理解知识模型在现代 BIM 中的重要性及其潜在的应用价值。

1. 思路一：IFC 到本体数据（类图数据）的转化和应用

该思路所用的本体数据以资源描述框架 RDF 为例，其与语义网和链接数据之间的关系密不可分。为了详细解释这种关系，我们需要分别了解 RDF、语义网和链接数据的概念，以及它们是如何相互作用的。

本书第 2 章已介绍过，RDF 是基于三元组的概念即"主语–谓词–宾语"的数据结构（也可以看作"实体–属性–值"的形式），用于发布来自不同领域的异构数据，作为知识模型的一种表达方式和领域中立的数据结构，对数据含义进行清晰和明确的定义，以便机器处理。基于此，发布数据时可以开发基于规则的推理器，实现计算机的自动推断。这种数据结构不仅促进了数据之间的链接，还能够帮助机器进行类似人类的推断。例如，考虑一个简单的逻辑推理：如果我们知道"所有的猫会捕鼠"并且知道"Kate 是一只猫"，我们可以推断出"Kate 会捕鼠"。对于人类来说，这种推理是直观的，但对于机器而言，要实现这样的推理，它们需要先"理解""猫""捕鼠"和"Kate"这些概念，这需要通过使用 RDF 或 OWL 等来建立数据的模式和语义来实现。

RDF 概念通常被描述为一种基于图的技术，因为 RDF 的"主语–谓词–宾语"数据结构天然地适合用图形表示，使得人们可以在概念上从 RDF 的基础三元组构建出图形结构。W3C 在其文献中使用"RDF 图"这一术语来进一步描述 RDF 数据。然而，图形仅仅是 RDF 的一种视觉语法，它既不是机器可解释的，也不是一种标准化的形式。此外，RDF 的查询语言并没有特别为图的遍历设计。例如，RDF 的查询语言 SPARQL 并不专门用于图遍历，且在实现图分析算法方面存在限制。一些研究也指出，很多专为图设计的查询语言并不能直接应用于 RDF。在

---

❶ 连接主义（Connectionism）是认知科学和人工智能领域的理论和方法，强调利用系统之间的连接和交互来处理信息和进行学习。

RDF 中应用图算法，通常需要将 RDF 的三元组转换成图的形式（即节点和边），或开发新的针对 RDF 的查询语言，即需要进一步的开发才能在 RDF 三元组上使用图算法。

此外，为了使机器能够区分不同的概念，每个概念需要有一个唯一的标识符，而考虑到语义网的全球范围，这些唯一标识符通常是统一资源标识符（URI）或国际化资源标识符（IRI）。构建本体知识模型时，一般采用 SWRL 和 SPARQL 的规则语言来建立推理规则。需要强调的是，在这整个过程中，虽然机器能够根据 URI 来判断两个事物是否相同，但它们并不真正"理解"这些事物的本质。机器的"理解"更多地是基于预定义的规则和数据结构，而非真正的认知能力。这一点是区分人类和机器信息处理的关键所在。

所以，"跨领域链接"与"互操作性"同样作为 BIM 开发中的重要概念，既有关联又各有侧重。"跨领域链接"是指连接来自不同领域的异构信息，它涉及使用 RDF 与本体来发布和共享信息，以实现机器推理；"互操作性"则指的是计算机系统或程序交换信息的能力，它与一个系统发送的信息能被另一个系统轻松访问和使用的程度紧密相关，这与信息或数据结构的格式密切相关。两者之间的关系在于，高度的"互操作性"是有效"跨领域链接"的前提。在构建和应用本体知识库的场景中，更强调的是实现"跨领域链接"，即通过链接数据方法将数据结构和应用模式进行统一。

许多研究都关注将 BIM-IFC 转换为 RDF/OWL 的过程，以及相关的转换工具的开发。存在一些先导性的研究案例，如 Pauwels 等学者研究了如何将 EXPRESS（IFC 的初始模式语言）的全部内容映射到 OWL 中，形成了一个参照性强且可以应用的 ifcOWL 本体模型，并基于此模型开发了一个 IFC 到 RDF/OWL 的转换器[91]。基于 Pauwels 等人的工作，Bonduel 等人提出了基于模块化本体的 IFC 建筑数据转换，包括整合已有的建筑拓扑本体、建筑元素分类和建筑属性分类等，以生成更紧凑、更简洁的 RDF 数据[92]。这些研究促进了 IFC 数据与其他领域数据的链接。

在面向 RDF 的转义过程中，IFC 数据的类和属性将按照三元组的相关原则映射到 RDF 中。在这一步骤中需要确定 IFC 模型中的实体和属性与 RDF 中的资源、属性和关系，例如将一个楼板（Slab）的高度和材料属性转换成与该资源相关的三元组，这一过程需要使用专门的软件工具或编写脚本来实现自动化转换。这些工具或脚本会解析 IFC 文件，并将数据以 RDF 格式输出（图 4-4）。转换完成后的数据一般需要经过验证和优化。验证的目的在于确保转换过程没有遗漏或错误地处理任何关键数据，优化则是为了提高 RDF 数据的查询效率，使其更适合于后续的数据处理和分析工作。通过这些步骤，BIM 的数据就能成功转换为语义网环境下的格式，支持更广泛的知识逻辑推理应用和分析。

```
slab_data = []
for slab in slabs:
    # 提取所需的属性
    slab_info = {
        "GlobalId": slab.GlobalId,
        "Material": slab.Material,
        "Position": slab.ObjectPlacement.Location,
        "Thickness": slab.Thickness,
        # 其他所需属性...
    }
    slab_data.append(slab_info)

base_uri = "http://example.com/ifc/"

rdf_triples = []
for slab in slab_data:
    subject = f"{base_uri}IfcSlabStandardCase{slab['GlobalId']}"
    for key, value in slab.items():
        predicate = f"has{key}"
        object = value
        rdf_triples.append((subject, predicate, object))

    # 假设 slab["RelatedFloor"] 包含相关楼层的GlobalId
for slab in slab_data:
    subject = f"{base_uri}IfcSlabStandardCase{slab['GlobalId']}"
    predicate = "isPartOfFloor"
    object = f"{base_uri}IfcFloor{slab['RelatedFloor']}"
    rdf_triples.append((subject, predicate, object))
```

图 4-4　将 IFC 实例表示为 RDF

随着开发工具的革新和进步，IFC 模型的实例转换也变得更加便捷。以 BIM 模型中的 IfcSlabStandardCase 举例，它作为一种标准板的分类实体，定义了建筑行业中符合特定特征约束的板。把这一 IFC 实例转换为 RDF 格式，需要遵循一个详细的转换流程：首先对 IFC 进行读写和解析，提取所需的 IFC 实例及其属性，如

GUID、材料、位置、尺寸等；然后使用提取的数据构建 RDF 三元组，每个三元组包含主语、谓词和宾语。如果 IfcSlabStandardCase 实例与其他实体有关系（如属于特定的楼层或建筑），这些关系也需要转换为 RDF 三元组进行输出（图 4-5）。最后，将所有映射完成的三元组输出，以 Turtle、RDF/XML 等格式进行导出。

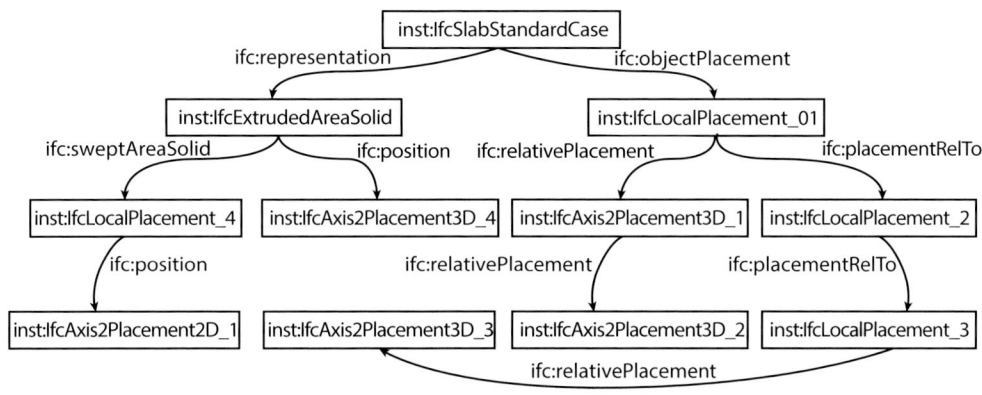

图 4-5　在 RDF 图中描述 IfcSlabStandardCase 的简单举例

作为 AEC 领域的数据模型，IFC 主要用于实现 BIM 体系下的数据交换，重点在于精确描述建筑信息，并不专注于实体间的语义关联和推理能力。相比之下，RDF/OWL 是构建模型的工具，它们不仅存储数据，而且使数据能够在语义层面上被理解和处理，能够推断并表达数据间新的关联和知识，这对于实现高级的知识推理和自动化决策至关重要，而一般的 BIM 数据交换格式或模式并不直接支持这些功能。因此，将 IFC 转化为 RDF/OWL 具有创新性，这使得 IFC 中的数据不仅能够在建筑行业内部交流使用，也能在更广泛的语义网和知识管理系统中发挥更大作用，实现工程数据模式到知识模型的转化。

除了构建知识模型之外，在 Pieter Pauwels 等的早期研究中，RDF 等三元组也被作为中间过程，用于将 IFC 转换成 STL❶ 格式等，从而突出 BIM 模型几何信息在制造业（立体光刻行业）的应用价值。值得一提的是，RDF 更多强调数据互操作性，允许将不同来源和格式的数据整合，这对于处理 IFC 特别重要。再者，结合

---

❶ 一种用于三维打印和计算机辅助设计的文件格式。

SPARQL 等查询语言，RDF 提供了强大的工具来处理和查询复杂数据结构，使得在转换过程中的数据提取、修改和验证更加高效。此外，RDF 结构易于扩展和适应不同数据模型，便于多源数据格式之间的转换，例如可以使从 IFC/RDF 到 X3D/RDF 再到 STL/RDF 的转换更加灵活。

本小节所介绍的思路目前也是本体研究领域的主要研究方向之一。然而，由于数据转换过程和验证场景的复杂性，这一研究方向在 AEC 领域还没有出现面向大型场景的知识模型应用案例。这意味着该研究方向在实际应用中还面临一系列挑战，需要进一步的探索。这种情况可能源于 W3C 对"RDF 图"的定义的模糊性：RDF 描述的是其"主语-谓词-宾语"的数据结构，而"图"更多是一种可视化 RDF 数据的手段，通常将存储 RDF 三元组的数据库视为图数据库。

2. 思路二：基于操作环境的数据链接

本小节从软件应用开发的角度出发，并考虑与集成环境的结合，介绍 IFC 数据处理和知识推理的另一种思路，即通过集成 BIM 数据、本体中的规则、XML 的连接方法和用户界面来执行知识模型的逻辑推理规则，可部署在服务器上进行发布和可视化展示。

以建筑项目的价值评估为例，可使用集成开发环境如 Eclipse IDE❶ 来部署 BIM 服务。BIM 服务器工具（BIM Server）❷ 在为 IFC 数据构建快速、可靠的应用方面具有优越性，并且便于和网页端相结合。除了可以使用 IfcOpenShell 进行 IFC 文件解析，还可以采用 Java 功能函数进行 IFC 检索处理和面向知识模型的协同开发，通过创建遵循一致逻辑的 Java 函数，对 IFC 文件进行解析检查（表 4-3，图 4-6）。

表 4-3　用于遍历检查 IFC 数据的主要函数[27]

功能函数名称	描述
PrintHierarchy	显示和检查上传到 BIM 服务器上的所有 IFC 层次结构
IfcObjData	根据树状结构检索所有 IFC 文件

---

❶ 广泛使用的开源集成开发环境，支持多种编程语言，主要用于 Java 应用程序的开发，提供代码编辑、调试和多种开发任务的工具。

❷ 允许用户进行 BIM 共享和管理模型数据的协作平台，开放代码，支持数据的集成、可视化和分析。

续表

功能函数名称	描述
objDatas	定义函数以检查 IFC 文件，根据功能获取分隔的字符串
data.setType	通过返回对象的简单名称来存储实体的类型
data.setName	存储实体的名称
data.setProperty	存储对象的属性
GetSumByFunction	对物理属性求和来获取实体属性值
GetStringByFunction	获取实体名称的实体属性字符串值
GetListByFunction	获取材料和其他对象信息的实体属性列表值
GetCountByFunction	获取实体的数量计数值
GetObjDataListByParent	获取对象注释的实体属性次要值
GetResultBySteps	使用如"小于"或"大于"等规则获取实体的属性

```java
public static IFCObjData PrintHierarchy(IfcObject ifcObject, IFCObjData data) throws Exception {
public WebData GetSumByFunction(Function function) {
    double rs = 0;
    results = new ArrayList<String>();
    List<ObjData> datas = new ArrayList<ObjData>();
    if (null != function.getM_Parent() && function.getM_Parent() != "")
    {
        datas= GetObjDataListByParent(function,proData,datas);
    }
    else
    {
        datas=GetObjDataListByFunction(function,proData,datas);
    }
    for(String str:results) {
        rs+=Double.valueOf(str);
    }
    WebData webData= ObjDatasToWebData(datas);
    webData.text=rs+"";
    return webData;
}
public WebData GetStringByFunction(Function function){
public WebData GetListByFunction(Function function){
public WebData GetCountByFunction(Function function){
public List<ObjData> GetObjDataListByParent(Function function,IFCObjData ifcObjData,List<ObjData> datas){
public List<ObjData> GetObjDataListByFunction(Function function,IFCObjData ifcObjData,List<ObjData> datas){
public ObjData GetResultBySteps(Function function,ObjData obj){
public WebData ObjDatasToWebData(List<ObjData> datas){
```

图 4-6　Java 函数用于 IFC 检索和求和等[27]

执行知识库规则推理需要以有效的 IFC 检索和查询为前提，而后将处理后的 IFC 数据输入到对应的逻辑规则实例中去。以基于面积法对设计成本进行量化评估的信息检索为例，这里需要计算项目建筑楼板的总面积，该查询函数使用一阶逻辑表示法如下：

$$\forall \alpha \, (\text{IfcSlab} \, (\alpha)) \wedge \forall \exists \alpha \, (\text{IfcSlab} \, (\alpha)) \wedge \text{Query} \, (\alpha, \text{"GrossArea"}))$$

通过定义的查询函数来核查 IFC 属性，Java 函数推理能够找到应当使用的函数及其返回值。这里使用 XML 来映射预定义的函数、查询实体、子函数以及带有特定值类型的属性。例如，对于上述特定查询，相应的句法可以编写如下：

<function text=*"Upper floor 2"* content=*"IfcSlab"* result=*"Sum"*>
  <step type=*"var"* attribute=*"GrossArea"*></step>
</function>

在开发中，如图 4-6 所示，该查询将遍历 IfcSlab 实体，并使用表 4-3 所列的相关函数（此处为求和函数），最终获取存储总面积的属性实体中的值。在这个查询中，"text" 设置为基于信息交换要求的查询名称；"content" 设置为与信息交换要求相对应的所需 IFC 实体；"result" 可以设置为不同的返回值类型，包括返回求和（Sum）、返回文字字符串（String）、返回列表（List）和返回数值个数（Count）等。"type" 设置为连接到交换功能中的特定方法。由于此语法以结构化 XML 格式表示，它可以在 Eclipse 中进行解析，以定义使用的特定函数和应返回存储的结果类型。表 4-4 展示了 SWRL 规则和相对应的 XML 示例。

表 4-4　物有所值评估中定量、定性评估规则的 XML 表示和对应描述示例[27]

	定量评估——成本计算
XML 表示	<function text=*"UpperFloor"* content=*"IfcSlab"* parent=*"IfcBuildingStorey"* pcontent=*"01 – Entry Level02 – Floor03 – Floor"* result=*"Sum"*> <step type=*"var"* attribute=*"GrossArealArea"*></step> </function>
描述	为了测量上部结构中上部楼层的成本价值，需要所有对应的 IFC 实体（屋顶板除外）的面积总和

	定性评估——文档位置索引
XML 表示	<function text=*"Innovatives"* content=*"IfcProject"* result=*"String"*> <step type=*"var"* attribute=*"TechnicalDocument"*></step> </function>
描述	为了进行定性评估中的"创新性"评估，应检索附加在 IfcProject 实体中的项目技术文档文件位置，获取字符串返回值

查询返回的数据根据与各种 IFC 实体相匹配的规则进行存储。这样做不仅为执行更复杂的功能铺平了道路，还使得这些功能函数能够进一步执行知识推理规则。这些功能函数和规则可以与从所开发的本体知识模型中提取的 SWRL 规则中的属性原子（Atom）建立映射，即所构建的知识模型中的 SWRL 规则可以以 XML 为媒介被链接到 IFC 的检索功能。因此，在所构建的本体知识模型中，将这些 SWRL 规则与其他数据源进行对齐（以便后续处理复杂规则）就成为了必要的步骤。

然而，不管是以人类可读的形式呈现还是作为描述性规则，本体规则的编写都难以被多种工程软件环境所兼容，这对后续的解析和推理执行十分不利。因此，将本体规则以 XML 语法的形式来表示会使其更容易被多种开发环境识别和处理。图 4-7 展示了这一转换过程中针对单一规则的映射转换示例。

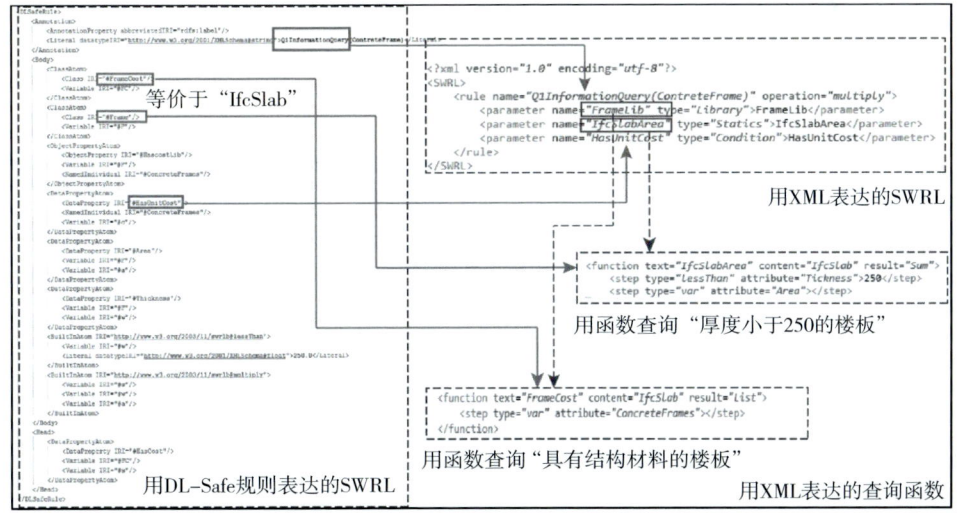

图 4-7　SWRL 与查询功能之间的连接[27]

图 4-7 展示了一个名为"Q1InformationQuery（ConcreteFrame）"的 SWRL 规则，专门用于查询混凝土框架成本计算的相关信息。在描述逻辑的语法中，规则主体涵盖了不同的类别和属性原子，规则的头部则包含了输出属性。在转换成 SWRL/XML 之后，再进行参数设置以便与查询函数进行对齐。例如，"FrameCost"用于检查所有具有混凝土属性的 IfcSlab 数据实体，"IfcSlabArea"则用来获取满足特定约束条件的属性面积，"type"中的元素则与定义的查询函数相连，其中"statistics"连接到查询函数中的文本统计信息（如求和）；"text"连接到查询函数中的文本过滤器（如 URI 地址）；"Library"连接到查询函数中的文本类库（如材质）；"Condition"则用于表示用户输入数值如单位造价。规则的操作（operation）部分包含了如"multiply"（乘）、"lists"（列表）等元素，这些都是用于进一步处理逻辑算法的关键组成部分。通过这种设计，SWRL 规则能够被有效地翻译成 XML 语法，并且与 XML 中预定义的查询函数进行连接。

综上所述，与思路一中将 IFC 数据转换为 OWL 格式的方法有所不同，思路二的映射方法实际上是将编写好的 OWL 规则自动转换为便于软件开发的格式。整个过程可以在 BIM 服务器上运行、部署并发布（图 4-8）。这样不仅能够将各种函数与模型可视化有效结合起来，还可以增强整体系统可用性。

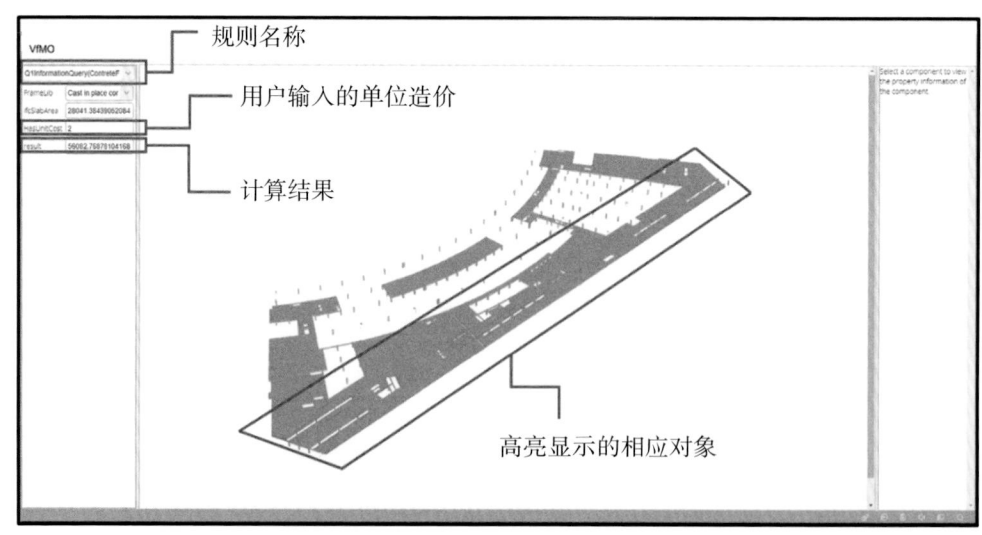

图 4-8　基于 BIM 服务器的逻辑规则应用[27]

4.3.4.5 知识模型应用框架

在两种思路方法实现的基础上,知识模型应用的可行性进一步提高。如图4-9,在所构建的知识模型或知识库中,相关领域的概念和规则被整合成包含所有相关项目信息的本体模型,可以涵盖成本数据、文档和评估指标等关键内容,供用户进行识别和查询。

在应用该本体模型时,一种理想的模式是终端用户(例如专家团队或决策者)可以利用编辑知识模型的软件平台来制定和更新场景应用的要求,并以规则的形式在语义层面执行——这些规则需要以计算机可读、可编辑的形式在应用程序中呈现。

在上述应用框架中,来自知识管理和知识图谱等领域的知识工程师作为专业人士,主要任务即是将信息和知识转化为可用的形式,以帮助参与项目的各方组织有效地管理和利用知识资源。知识工程师可以及时地修改和更新这些模型中用户定义的规则,以保证其时效性和准确性。通过将知识模型、规则和查询功能结合起来,

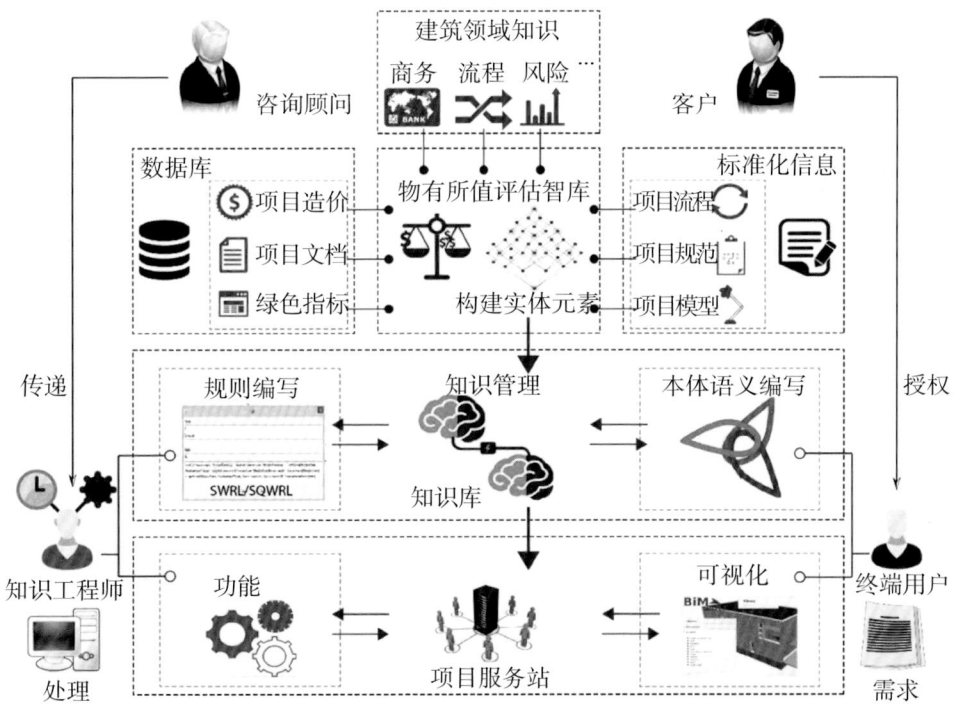

图 4-9 知识模型在物有所值评估中的应用框架[27]

这一决策框架能够自动执行评估和分析类任务，BIM 则在其中扮演着数据库和信息交换平台的角色，即将工程信息集中到一个易于操作的平台上。信息交换过程采用标准化的方式，数据则通过标准化的数据载体进行过滤和处理，使得建立的知识模型与工程有效数据紧密相连。由此可见，知识模型的应用与本书第 3 章论述的基于 openBIM 体系的信息交换需求构建密切相关。

4.4　BIM 与本体知识模型应用于物有所值评估的案例

本节的案例基于所构建的面向资产价值评估的本体知识模型，采用思路二的方法，通过引用相关评价标准和规则，以一个机场 BIM 模型为例，阐释知识模型的验证过程。这一过程也包含了相关工具 / 平台的开发，并融合了工程项目采购流程中价值评估的部分推理逻辑功能。

4.4.1　交付需求下的信息获取

本案例以定量评估即成本分析需求为主体。为满足建筑方案成本评估的自动化信息交换，首先对现有的成本分析相关标准和手册进行综述，本案例选取了英国工程量计算规则（New Rules of Measurement，NRM）❶ 和造价成本数据手册（Spon's Architects' and Builders' Price Book，SPONS）❷ 进行方案造价的信息需求分析。

造价成本预概算有不同的计算方式，如面积法可通过建筑方案的总建筑面积，或通过功能单位的价值及相关建筑信息（如元素个数、面积等）来确定方案的初步成本；元素法❸ 也常用来测量预计的资本建设造价，该方法应用建筑工程的重要元素，进行逐元素的估算，通过方法规则来计算成本，对新建和现有建筑资产均适用。图 4-10 显示了 NRM 中用于定量评估的计算规则示例。

接下来，按照元素法中定义的结构，再将信息需求进行细分。表 4-5 展示了成本估算信息层次结构的划分，以及与建筑成本计算相关的主要信息项，并详细到属

---

❶ 由英国皇家特许测量师学会（Royal Institution of Chartered Surveyors，RICS）发布的一套规则，旨在推动建筑项目成本测量和管理过程的标准化。
❷ 英国建筑和基建行业的成本数据手册，提供详细的材料和劳动力成本信息，用于项目预算编制。
❸ Elemental Cost Engineering，通过将建筑物分解为若干组成部分或元素来估算成本。

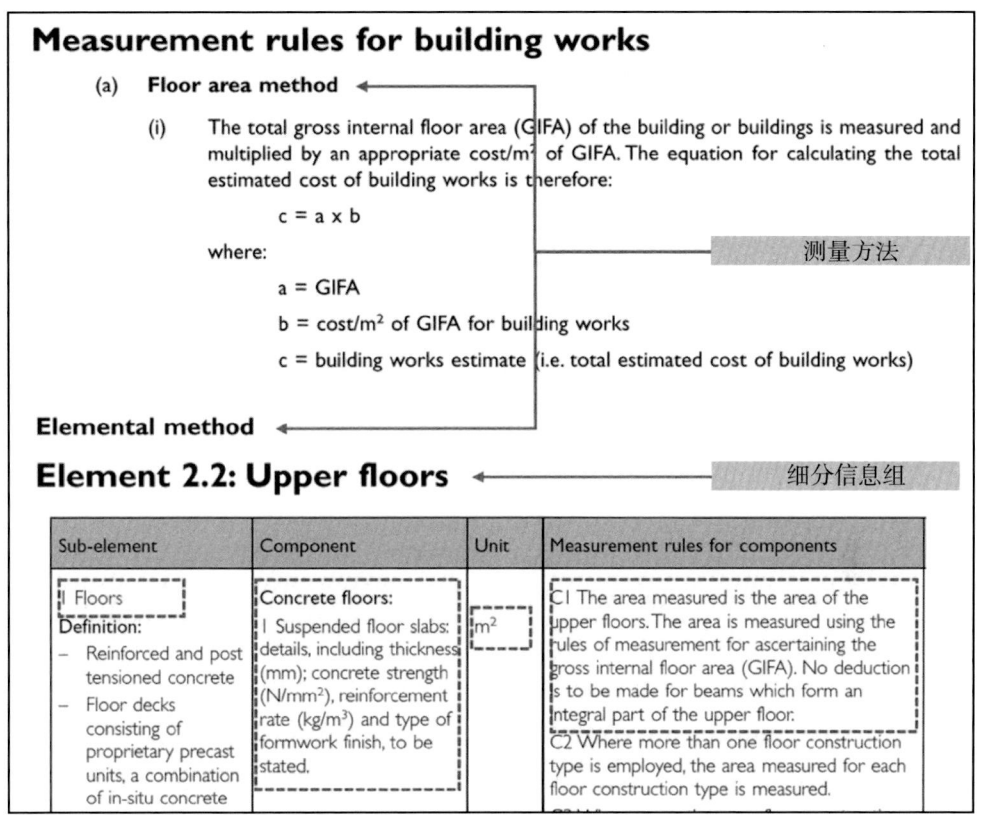

图 4-10　NRM 中的测量规则[93]

性需求。例如，为了对上部楼层的工作成本进行估算，需要收集建筑楼板系统的特定属性信息，包括楼板的结构类型、材料类型和其他属性集信息。

　　传统的计量方法通常既不易于操作也缺乏效率，尤其是在面向 BIM 环境的软件开发和项目管理领域。在确定了信息需求之后，要有效实现信息交换，关键在于灵活运用 BIM 的标准化数据。当前的交换方案仍存在许多问题，尤其未能充分利用开放 BIM-IFC 模式提供的语义结构支持。传统的基于表格的数据集无法自动识别实体与属性之间的语义关系，这在软件公司尝试将此方法与 IFC 架构相结合时可能导致链接数据的难题。更为重要的是，非结构化的规范和执行规则阻碍了功能信息的有效提取，从而会影响整个信息交换过程的效率和质量。所以需要应用更先进、更结构化的信息管理和交互方法。

表 4-5　项目成本估算（定量评估）及部分定性评估的信息需求层次梳理示例[67]

分类大项	分项	包含系统	信息需求	属性集需求
建造成本预估（定量评估）Work estimates（quantitative assessment）	上部楼层 Upper floors	建筑板材系统 Building slab systems	几何形状 Geometry	挤出形状/实体形式 Extruded shapes/Solid forms
				尺寸公差 Dimensional tolerance
			类型 Type	结构类型 Structural type
			材料 Material	材料类型 Material type
			装修饰面 Finishes	几何形状 Geometry
				表面处理 Surface treatments
			数量集 Quantity sets	总面积 Gross area
				宽度 Width
			对象属性集 Property sets for objects	功能 Function
				标称厚度 Nominal thickness
				位置 Position
				结构材料 Structural material
			关系 Relations	作为结构对象 Implements structural objects
				建筑元素的一部分 Part of building element
				包含组件 Contains components
			元数据 Metadata	参照层级 Reference level

续表

分类大项	分项	包含系统	信息需求	属性集需求
维护成本预估（定量评估）Maintenance estimates（quantitative assessment）	脚手架 Scaffolding	墙体系统 Wall systems	几何形状 Geometry	形状 / 实体形式 Shape/solid forms
				尺寸公差 Dimensional tolerance
			类型 Type	结构类型 Structural type
			材料 Material	材料类型 Material type
			装修饰面 Finishes	几何形状 Geometry
				表面处理 Surface treatments
			数量集 Quantity sets	总侧面积 Gross side area
				高度 Height
			对象属性集 Property Sets for Objects	功能 Function
				位置 Position
				结构材料 Structural material
			关系 Relations	作为结构对象 Implements structural objects
				建筑元素的一部分 Part of building element
				包含组件 Contains components
			元数据 Metadata	参照层级 Reference level

续表

分类大项	分项	包含系统	信息需求	属性集需求
目标与成果 （定性评估） Objects and outputs （qualitative assessment）	项目信息 Project information	项目 Project	身份 Identity	名称 Name
				功能 Function
			描述 Description	文本 Text
			联系信息 Contact information	地址 Addresses
			项目书文件 Briefing document	范围 Scope
				位置 Location
				描述 Description
				目的 Purpose
				名称 Name

接下来，需要选择一个计算机可读的有效方式，将上述信息需求灵活地转化为数据解析和模型视图应用格式，以便通过软件操作获取 BIM 数据。本案例在深入探索信息交换的有效表达和管理时，发现了 OWL 的重要性。

图 4-11 展示了用 OWL 表达的信息交换需求，其中功能部分可以在本体软件中单独制作并对齐。信息需求本体（ER Ontology）涵盖了评估所需的指标项，功能部分本体（FP Ontology）则涵盖了对应的建筑工程对象。构建的本体还可以与其他建筑领域本体集成，例如建筑拓扑本体（Building Topology Ontology，BOT）[1]以及金融行业业务本体（Financial Industry Business Ontology，FIBO）[2]。然后，遵

---

[1] 专门针对建筑信息模型领域开发的一种本体，用于描述建筑物的拓扑结构和空间关系。
[2] 一套全面的金融行业业务本体，旨在为金融数据和业务交易提供一个共同的标准化框架。

循 BOT 本体中预先定义的结构来确定对象关系的名称和结构（在信息需求本体中使用）。本体中的对象属性用于定义各种概念之间的关系，例如，图 4-11 中的"HasFP"和"HasInformationItems"用于在不同本体和信息对象之间建立连接，"HasDescription"和"HasProperties"等用来链接相应的对象和属性。通过上述操作，本体作为中央连接器，帮助制定了清晰、明确的交换要求和功能方案，从而有利于后续的信息共享和重用。

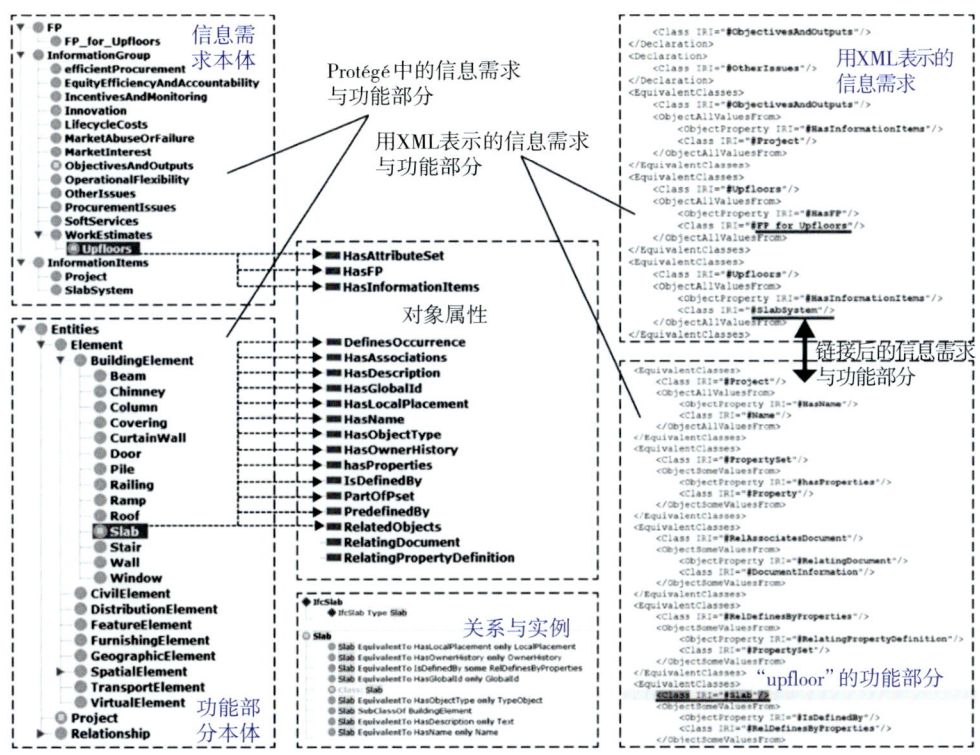

图 4-11　将价值评估中的信息交换需求使用本体软件进行表达和输出[67]

这一过程实际上也是采用 OWL 来表达信息交换需求的过程，其中涉及利用 OWL 定义和组织建筑项目中的数据交换标准和流程，包括概念（如项目角色、工作阶段、文档和信息需求）及其之间的关系。通过这种方式，本体化的信息交换需求可以帮助明确项目各阶段的具体信息需求，包括所需的数据、数据格式和质量要求，以及信息的提供者和接收者，能够在对建筑信息的交换过程实现标准化的同时，促进行业知识的共享和重用。本体化的信息交换需求也可以被转化为 mvdXML，用于开发标准化的 MVD 文档。

4.4.2　流程图制定

图 4-12 展示了物有所值评估场景中的信息交换流程图及其信息交换模型。该流程图在水平方向上划分了评估过程中各个阶段的主要任务，这一划分方式参照了国际常用的通用分类框架（如 Uniclass）所定义的项目各阶段活动，并借鉴了相关的专业指南。

4.4.3　链接 IFC

基于评估场景的信息交换需求以及基于信息交换规范创建的本体模型，将交换需求的信息结构映射到 IFC 架构中，两者的对应关系如表 4-6 所示。

表 4-6 展示了定量成本评估中涉及的资本建设支出（CapEx）、运营支出（OpEx），以及定性评估的相关数据实体。这些数据实体分布在左列的不同工程项目分类中。表中的定量评估项目采用了英国发布的 NRM 系列标准的分层分类作为参考，这些评估项目的单位成本值可以通过建筑及其维护的定价指南如 SPONS 来获取。定性评估的具体要求则源于不同国家财政机构发布的定性评估指导。

表中还展示了如何在项目规划阶段利用 IFC 模式中的实体（如 IfcSite）来链接和检索与规划相关的属性或文档，并在模型中方便地存储和定位。这些相关的属性来自 BIM 下的不同 IFC 数据类型。在建筑设计的初期阶段，可以从 IfcBuilding、IfcBuildingStorey 或 IfcSlab 等建筑实体中提取相关信息（需要在 BIM 标准化高度集成的条件下实现）。这些信息对于进行详细设计和正式的成本测算（涵盖基本场地、建筑、室内空间和结构设计的估算等多个方面）至关重要。同样地，维护工作的成本也可以采用类似于构建成本估算时使用的物理模型属性进行测量。例如，IfcSlab 和 IfcWall 等 IFC 实体可用于响应"上部结构"和"内部装修饰面"的成本估算。IfcSpace 作为一个特殊的实体，代表建筑内部区域或体积，可用于定位具有特定功能的建筑空间，如"办公室"或"会议室"等。通过建立约束，可以从这些空间及其相关对象和属性中提取信息，以测算建设和维护成本。对于已经有规划和设计方案的项目，可以使用相同的方法系统地收集数据。此处所述的成本构成适用于各种建筑类型。

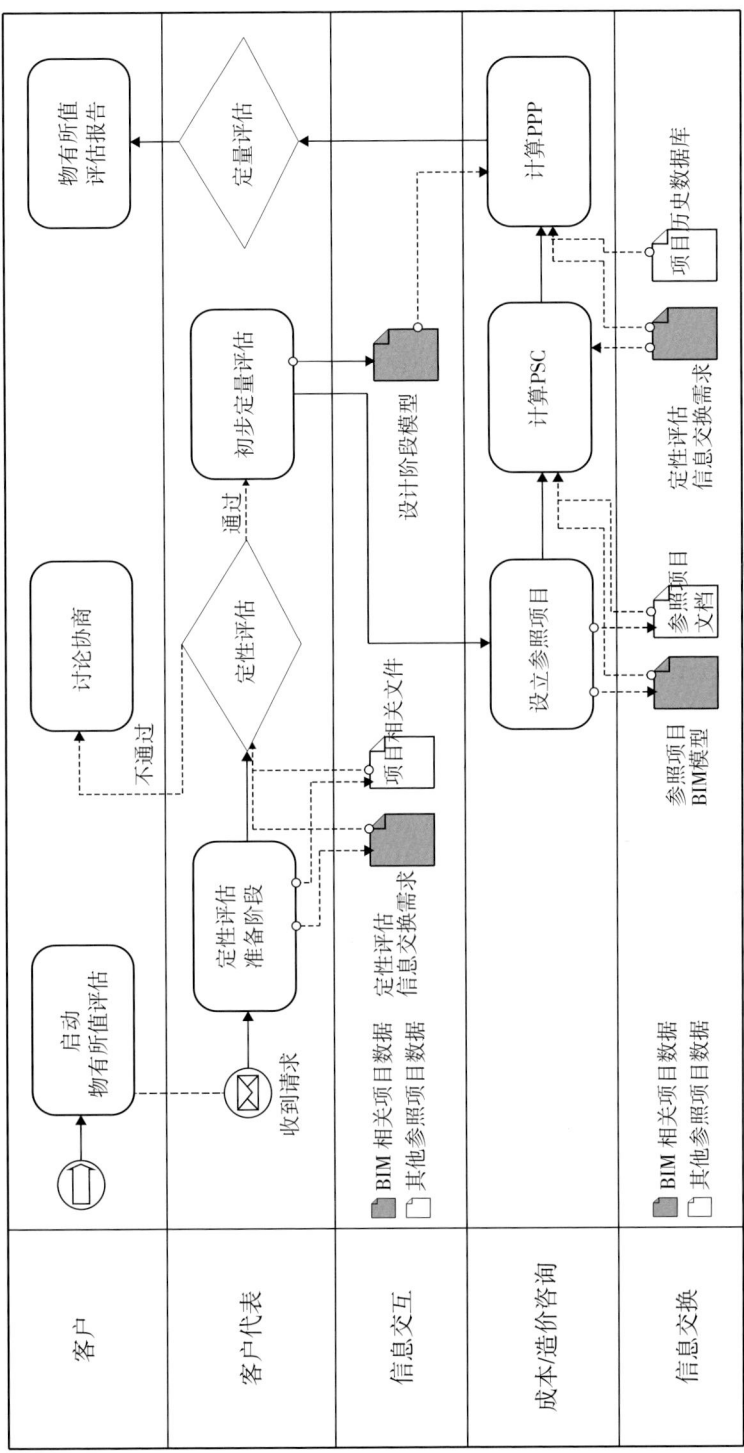

图 4-12 物有所值评估的信息交换流程图[67]

表 4-6　与物有所值评估的信息交换需求相对应的 IFC 数据类型 [67]

成本分类	分类项	单位*	相关 IFC 数据实体	相关 IFC 属性类型实体
预备工作 Preliminaries	人工成本 Labour	weeks	IfcLaborResource	无
预备工作 Preliminaries	工地棚屋/模板工程 Site huts/formworks	weeks/nr	IfcConstructionProductResource	IfcQuantityCount
预备工作 Preliminaries	通用设备 General equipment	weeks/nr	IfcConstructionEquipmentResource	IfcQuantityTime
规划/设计 Planning/design	规划费用 Planning costs	m²/km²	IfcSite	IfcQuantityArea
规划/设计 Planning/design	设计费用 Design costs	m²	IfcBuildingStorey、IfcSlab	IfcQuantityArea
施工成本 Work estimates	辅助工程 Facilitating works	m²/m³	IfcSite；IfcSlab、IfcBuildingStorey；IfcWall、IfcColumn、IfcConstructionProductResource、IfcSpace	IfcQuantityArea、IfcQuantityCount
施工成本 Work estimates	核心基础 Substructure	nr/m/m²/m³	IfcSlab、IfcWall、IfcColumn、IfcColumn、IfcPile、IfcBeam	IfcQuantityArea、IfcQuantityCount、IfcQuantityLength、IfcQuantityVolume
施工成本 Work estimates	上部基础 Superstructure	m²/nr	IfcSlab、IfcColumn、IfcBeam、IfcRoof、IfcStair、IfcRamp、IfcWall、IfcDoor、IfcWindow	IfcQuantityArea、IfcQuantityLength、IfcQuantityCount

续表

成本分类	分类项	单位*	相关 IFC 数据实体	相关 IFC 属性类型实体
施工成本 Work estimates	内部装修饰面 Internal finishes	m²	IfcWall、IfcSlab、IfcCovering	IfcQuantityArea
	装置/家具 Fittings/furnishings	nr	IfcFurnishing	IfcQuantityCount
	设施服务 Services	m²/nr	IfcBuilding、IfcBuildingStorey、IfcSpace、IfcTransportElement	IfcQuantityArea
	外部维护 External works	m²	IfcSlab、IfcWall、IfcSite、IfcBuildingStorey、IfcBeam	IfcQuantityArea
	脚手架 Scaffolding	m²/nr	IfcWall	IfcQuantityArea
	拆除/改造 Demolitions/alterations	m²/m/nr	IfcWall、IfcChimney、IfcBoiler、IfcWindow、IfcDoor	IfcQuantityArea、IfcQuantityCount
维护成本 Building maintenance	挖掘工作 Excavations	m³/m²	IfcSpace	IfcQuantityArea、IfcQuantityVolume
	混凝土工程 Concrete work	m³/m²/nr	IfcBeam、IfcColumn、IfcSlab	IfcQuantityArea、IfcQuantityVolume、IfcQuantityCount
	加固工程 Underpinning	m²/nr	IfcWall、IfcBeam、IfcSpace、IfcSlab	IfcQuantityArea、IfcQuantityVolume

续表

成本分类	分类项	单位*	相关 IFC 数据实体	相关 IFC 属性类型实体
维护成本 Building maintenance	屋顶翻新 Reroofing	m²/nr/m	IfcRoof、IfcChimney	IfcQuantityArea、IfcQuantityCount、IfcQuantityLength
	木工作业 Woodwork	m²/nr/m	IfcWall、IfcCovering、IfcSlab、IfcFloor、IfcWindow、IfcStair、IfcFurniture、IfcPipeSegment	IfcQuantityArea、IfcQuantityCount、IfcQuantityLength
	管道系统 Plumbing	m/nr	IfcPipeSegment、IfcSanitaryTerminal、IfcFurniture、IfcTank、IfcFlowStorageDevice、IfcSpaceHeater、IfcBoiler	IfcQuantityCount、IfcQuantityLength
	内部/外部装修饰面 Internal/external finishes	m²/nr	IfcSlab、IfcCovering、IfcWall	IfcQuantityCount、IfcQuantityArea
	玻璃修复 Glazing repairs	m/nr/m²	IfcWindow	IfcQuantityArea、IfcQuantityLength
	油漆/装饰 Painting/decorating	m²/m	IfcWall、IfcSlab、IfcWindow、IfcPipeSegment、IfcDoor、IfcRailing	IfcQuantityArea、IfcQuantityLength
定性评估 Qualitative assessment	合同输出 Contract outputs	无	IfcProject、IfcAsset	IfcDocumentInformation、IfcLable、IfcText
	软服务 Soft services	无	IfcSystem、IfcConstructionResource	IfcDocumentInformation、IfcLable、IfcText

*注：为便于与英国 NRM 标准内容对照，本表"单位"均采用 NRM 标准中的原文表示，含义分别为：weeks 代表以周计，nr 代表以个数计，m、km 代表以长度计，m²、km² 代表以面积计，m³ 代表以体积计。"定性评估"成本数据主要为元数据和文档，故无单位。

从 BIM 系统中提取数量数据能够显著优化成本估算过程中的测量环节。在进行详细测量时，还需确立额外的信息参考点以建立相关约束。例如，要获取办公空间的特定属性值，可以利用属性关键词"办公室"或特定标识信息，来识别标记为"办公室"的 IfcSpace 实体。IFC 中嵌入的数据类型层次结构覆盖了场景中的概念和元素。虽然 IFC 的数据类型对于复杂的评估场景和大部分定性评估可能较为有限，但它仍然能够通过 IFC 架构中的 URI 引用来获取所有相关的文档信息，或将这些信息存储在适当的 IFC 数据类型中。这些数据类型还可以用于存储项目简报文件中的关键目标内容。

接下来，为了根据具体信息交换需求来查找与特定元素相对应的必要 IFC 子集，可以采用一阶逻辑语言进行检索。表 4-7 展示了如何用一阶逻辑语言来表示将具体信息需求链接到 IFC 数据类型的功能部分。

一阶逻辑语言（First-order Logic，FOL）表达式使用逻辑关联律来表示逻辑含义[94]。例如，有这样一个检查规则："为了测算上部楼层的成本，将检查楼板的总建筑面积和材料信息。"在 FOL 中该规则可以表达如下：

$\forall \alpha (IfcSlab(\alpha)) \land \exists \alpha ((IfcSlab(\alpha) \land Query(\alpha, IfcProperty) \land Query(IfcProperty, IfcPropertySingleValue.Name) \land Query(IfcPropertySingleValue.Name, "area"))) \land \exists \alpha ((IfcSlab(\alpha) \land Query(\alpha, IfcMaterial)))$

这条规则展示了如何检查符合特定约束的属性和材料信息的存在。在这个上下文中，IfcProperty 和 IfcPropertySingleValue 是承载属性信息的 IFC 实体，IfcMaterial 则是包含建筑元素相关材料信息的 IFC 实体。在这里，"$\forall \alpha$"代表由全称量词定义的变量，"$\exists \alpha$"则表示由存在量词定义的变量。该规则使用查询函数来验证 IFC 实体或属性的存在。这种查询对于确认信息的完整性至关重要，尤其是对于 IfcSlab 实体及其包含的属性信息。上述表达式所执行的检查过程为：根据 IFC 定义的层级结构，首先检查 IfcProperty 实体的存在，随后确认 IfcPropertySingleValue.Name 是否存在，并进一步检查 IfcPropertySingleValue.Name 中是否包含"area"，以及通过查询函数来核实 IfcMaterial 的存在等。

表 4-7 将物有所值评估信息需求链接到 IFC 的功能部分示例[67]

信息需求分项	IFC 关联实体	相关属性	数据类型	用一阶逻辑语言表示的 IFC 检索过程
上部楼层 Upper floors	IfcSlab	结构类型 Structural type	String	∀α(IfcSlab(α)) ∧ ∃α((IfcSlab(α)) ∧ Query(α, IfcPropertySingleValue.Name) ∧ Query(IfcPropertySingleValue.Name, "Type"))
		材料类型 Material type	String	∀α(IfcSlab(α)) ∧ ∃α((IfcSlab(α)) ∧ Query(α, IfcMaterial))
		总面积 Gross area	Real	∀α(IfcSlab(α)) ∧ ∃α((IfcSlab(α)) ∧ Query(α, IfcPropertySingleValue.Name) ∧ Query(IfcPropertySingleValue.Name, "GrossArea"))
		功能 Function	String	∀α(IfcSlab(α)) ∧ ∃α((IfcSlab(α)) ∧ Query(α, IfcPropertySingleValue.Name) ∧ Query(IfcPropertySingleValue.Name, "Function"))
		标称厚度 Nominal thickness	Real	∀α(IfcSlab(α)) ∧ ∃α((IfcSlab(α)) ∧ Query(α, IfcPropertySingleValue.Name) ∧ Query(IfcPropertySingleValue.Name, "Thickness"))
		结构材料 Structural material	String	∀α(IfcSlab(α)) ∧ ∃α((IfcSlab(α)) ∧ Query(α, IfcPropertySingleValue.Name) ∧ Query(IfcPropertySingleValue.Name, "Structural Material"))

续表

信息需求分项	IFC关联实体	相关属性	数据类型	用一阶逻辑语言表示的IFC检索过程
上部楼层 Upper floors	IfcSlab	参考层级 Reference level	String	$\forall \alpha (\text{IfcSlab}(\alpha)) \wedge \exists \alpha ((\text{IfcSlab}(\alpha) \wedge \text{Query}(\alpha, \text{IfcPropertySingleValue.Name}) \wedge \text{Query}(\text{IfcPropertySingleValue.Name, "Level"}))$
脚手架 Scaffolding	IfcWall	结构类型 Structural type	String	$\forall \alpha (\text{IfcWall}(\alpha)) \wedge \exists \alpha ((\text{IfcWall}(\alpha) \wedge \text{Query}(\alpha, \text{IfcPropertySingleValue.Name})) \wedge \text{Query}(\text{IfcPropertySingleValue.Name, "Type"}))$
		材料类型 Material type	String	$\forall \alpha (\text{IfcWall}(\alpha)) \wedge \exists \alpha ((\text{IfcWall}(\alpha) \wedge \text{Query}(\alpha, \text{IfcMaterial}))$
		总侧面积 Gross side area	Real	$\forall \alpha (\text{IfcWall}(\alpha)) \wedge \exists \alpha ((\text{IfcWall}(\alpha) \wedge \text{Query}(\alpha, \text{IfcPropertySingleValue.Name}) \wedge \text{Query}(\text{IfcPropertySingleValue.Name, "GrossArea"}))$
		高度 Height	Real	$\forall \alpha (\text{IfcWall}(\alpha)) \wedge \exists \alpha ((\text{IfcWall}(\alpha) \wedge \text{Query}(\alpha, \text{IfcPropertySingleValue.Name}) \wedge \text{Query}(\text{IfcPropertySingleValue.Name, "Height"}))$
		功能 Function	String	$\forall \alpha (\text{IfcWall}(\alpha)) \wedge \exists \alpha ((\text{IfcWall}(\alpha) \wedge \text{Query}(\alpha, \text{IfcPropertySingleValue.Name}) \wedge \text{Query}(\text{IfcPropertySingleValue.Name, "Function"}))$

续表

信息需求分项	IFC关联实体	相关属性	数据类型	用一阶逻辑语言表示的 IFC 检索过程
脚手架 Scaffolding	IfcWall	结构材料 Structural material	String	∀α(IfcWall(α)) ∧ ∃α((IfcWall(α)) ∧ Query(α, IfcPropertySingleValue.Name) ∧ Query(IfcPropertySingleValue.Name, "Structural Material"))
		参考层级 Reference level	String	∀α(IfcWall(α)) ∧ ∃α((IfcWall(α)) ∧ Query(α, IfcPropertySingleValue.Name) ∧ Query(IfcPropertySingleValue.Name, "Level"))
项目信息 Project information	IfcProject	名称 Name	String	∃α((IfcProject(α)) ∧ Query(α, IfcProject.Name))
		范围 Scope	String	∃α((IfcProject(α)) ∧ Query(α, IfcProject.LongName, "Scope"))
		描述 Description	String	∃α((IfcProject(α)) ∧ Query(α, IfcProject.Description))
		客户信息 Client information	String	∃α((IfcProject(α)) ∧ Query(α, IfcProject.LongName, "Client information"))
		项目书文件 Briefing document	String	∃α((IfcProject(α)) ∧ Query(α, IfcDocumentation.Name) ∧ Query(IfcDocumentation.Name, "Briefing document"))

4.4.4 基于评估需求的自动化信息交换工具

为了验证采用 IFC 数据模式用于价值评估中信息交换的可行性，需开发数据提取工具。这里以相关研究中开发的物有所值评估数据获取工具（Data extraction tool for VFM，DFV）为例，展示如何通过信息项的层次结构实现功能，使用这些工具获取所需的数据。

功能部分的概念模板在此过程中扮演了关键角色，它们控制着需求信息对象与 IFC 结构之间的有效映射。这些映射规则可以在编程环境中进行编辑和调整。而后，在一个具体 BIM 模型上进行测试，用所开发的提取工具获取相关数据，以进一步证明这种自动化信息交换方案的可行性。（图 4-13）

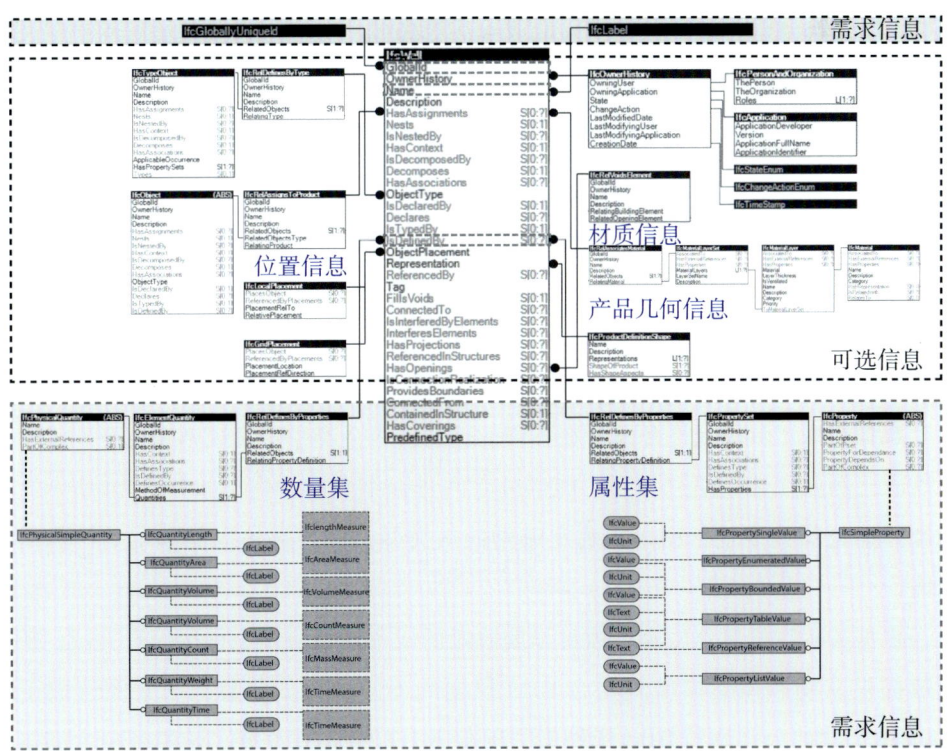

图 4-13 基于 IFC 4 数据结构的数据提取[67]

在此案例的场景中，IFC 实体中与成本价值估算相关的属性是与对象紧密关联的。基于应用场景，需要使用工具包中的功能检查相关数据类型。这一过程首先涉及对目标对象的检查，紧接着是对所获取属性的定位。以墙面饰面成本测算为例，使用 IfcWall 墙体中定义的"总侧面积"来直接计算成本。此外，该案例还定位了 IfcMaterial 中"Name"属性，以便在编程中获取元素对应的材料规范。如果某些数据未在数量集中记录，则使用属性集来检索这些信息。例如，为了获取楼板的"总面积"，可以通过参考相关的楼板实体的 IfcPropertySet 或 IfcElementQuantity，进而检查与 IfcSlab 关联的所需数据类型。

基于 IFC 引擎中定义的方法，该案例编码并实施了一系列分类规则，用于检查与功能部分相对应的 IFC 数据类型。如图 4-14 所示，用户可以自行选择激活这些功能，包括但不限于：①选择评估结构，即获取与成本估算相关的定量或定性评估指标；②选择测量方法，根据不同的成本估算场景，可以选择采用楼层面积法、功能单元法或元素法来捕捉 IFC 中的成本估算单位。在实际开发中，应结合 IFC 数据提取方式来综合考虑选择哪种方法，以提高评估的准确性和效益；③选择与 IFC 链接的功能部分。在开发的初期阶段，本案例遵循了 IFC 4 的概念数据模型。考虑到所需属性或数量在 IFC 结构中的定位可能不同，需要在不同模型场景中检索相关的实体、属性和关系。此外，功能部分的开发也响应 openBIM 体系的最新发展，特别是与 IDS[1] 方法相结合，其方法有助于明确数据交换的规范和要求，从而支持跨团队和跨平台的协作，确保各方都能准确、高效地使用 BIM 数据。

数据获取工具需允许开发者在不同的信息需求分类中定义规则来选择和编辑交换需求，例如在评估信息项和功能部分之间进行细致的操作，如图 4-14 所示。功能部分能更加具体地帮助用户确定哪种数据类型有助于评估当前选定的信息组的价值。

根据工程计价量化原则，项目早期阶段的成本估算应基于可用信息完成。BIM 能够提供从初始概念模型到联合 BIM 模型的不同层级的信息。本案例选取了在 Revit 中创建的公共建筑 BIM 模型来实现基于 IFC 的信息交换，该模型包含满足大部分成本项目的建筑和结构元素，用于测试上述价值评估中的主要内容：基于功能

---

[1] Information Delivery Specification，是一套定义 BIM 中信息交付要求的规范，涵盖信息的交换内容、格式和时间点等。

部分，对输入的包含 90 多万个 IFC 实体进行检索和过滤，并按照用户选取的成本评估定量指标项所对应的数据获取规则，将相关 IFC 实体筛选出来，提取相应的数量、材料和位置信息等。

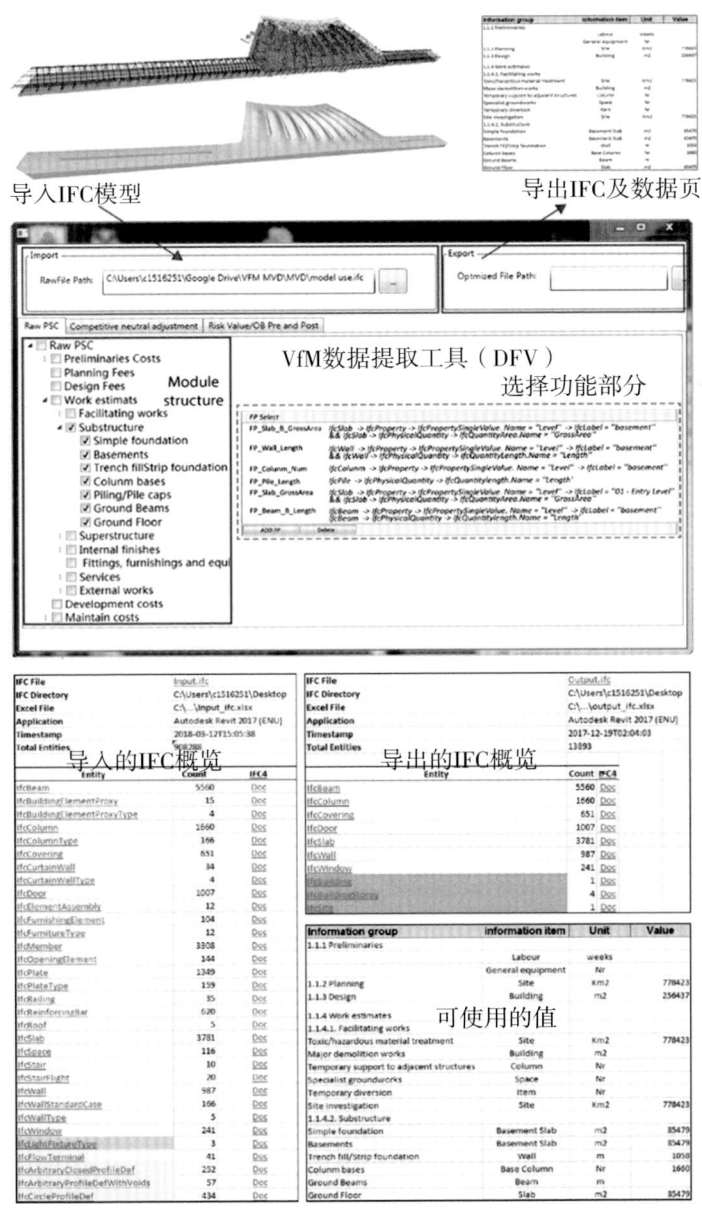

图 4-14　将 IFC 数据提取工具应用于 BIM 模型[67]

本小节所介绍的案例是基于深化设计方案来提取数据的，但其 IFC 数据获取工具的开发思路可以应用于不同的项目情境，各方利益相关者都可以使用这种基于 BIM 的工具来为价值为本的项目管理提供数据支持。

4.4.5　构建基于本体的评估知识模型

在价值评估场景中，所构建的本体知识模型可应用于项目采购的初期阶段，为决策提供知识索引、测量和查询功能。在本小节的案例中，本体模型的创建参照了国内外若干物有所值评估相关的指导文件和准则；此外，本体还可以融合工程采购领域的成本测量指导、项目管理及信息交付标准相关的其他概念，这些参考文件均为建筑项目的价值分析和资源分配提供了关键指导——这也与第 3 章信息交换需求分析的主要方式密切相关。本体知识模型的构建过程主要包括以下几个关键步骤。

4.4.5.1　定义本体中使用的关键术语（实体）

首先，根据选定的本体范围，从相关机构发布的价值评估指导文件（表 4-8）中整理出关键工作项的术语表。这份术语表中的关键概念紧密关联着价值评估的核心内容，涵盖了有关成本估算和采购管理的关键环节。这些详细的工作项不仅决定了评估的深度和广度，还为理解和实施价值评估提供了一个全面而详细的参考框架。通过这种方式，可以确保本体能够覆盖场景的整体范围，为采购和评估工作提供了坚实的知识基础。

表 4-8　构建物有所值评估本体所用的概念和知识来源

所参考的指导文件	发布者	描述
Value for Money Assessment Guidance	英国财政部	获取评估框架
Guidebook for Value for Money Assessment	美国联邦公路管理局	获取评估细节方法
《PPP 物有所值评价指引（试行）》	中华人民共和国财政部	获取评估细节方法

续表

所参考的指导文件	发布者	描述
New Rules of Measurement	英国皇家特许测量师学会	成本概算结构与内容
Spon's Architects' and Builders' Price Book	AECOM 工程公司	获取项目之间的单位成本
Uniclass 2015	英国国家建筑规范组	获取项目阶段和对象的代码
PPP Reference Guide	世界银行	获取工程项目采购阶段信息

4.4.5.2 定义概念实体的类别

定义类别是本体构建过程中的一个核心步骤，对于确保知识模型能够有效地组织、表示和处理知识至关重要。本案例应用自上而下的方式构建概念实体类别，从而创建逻辑清晰的结构化本体框架。直观来讲，以这种方式构建的本体框架具有树状结构，从若干个广泛一般类别开始，逐步加入子类别，并进一步将这些子类别细分为更具体的类别。

图 4-15 展示了一个直观且易于理解的用于价值评估的本体结构视图。详细来说，本案例为本体模型构建了几个关键的超类别：首先是"造价库"，它包含了成本估算的标准化测量结构，为成本估算提供标准化框架和参考；"文件管理"这个类别定义了采购评估所需的文件信息（依据 BS EN 1992[95] 和 ISO 12006[96] 标准）；"对象"类别包括评估场景中所有相关的对象，例如"项目"及其对应的 IFC 实体等，这是本体模型中的一个核心类别；"材料"类别囊括了与建筑元素相关的材料信息；"组织"类别涵盖了所有相关的商业领域组织结构以及项目采购所涉及的职能分工[这一部分的内容参考了金融行业业务本体（FIBO）[97]]；"定量概览"和"定性概鉴"包括物有所值评估中定性和定量评估的详细结构，是评估的关键部分；"阶段"包括了如 Uniclass 和其他编码规范所定义的采购阶段，帮助用户理解和遵循采购流程。在定义这些相关概念之后，还要为大多数常规类别添加新的属性，以进一步完善该本体的功能。

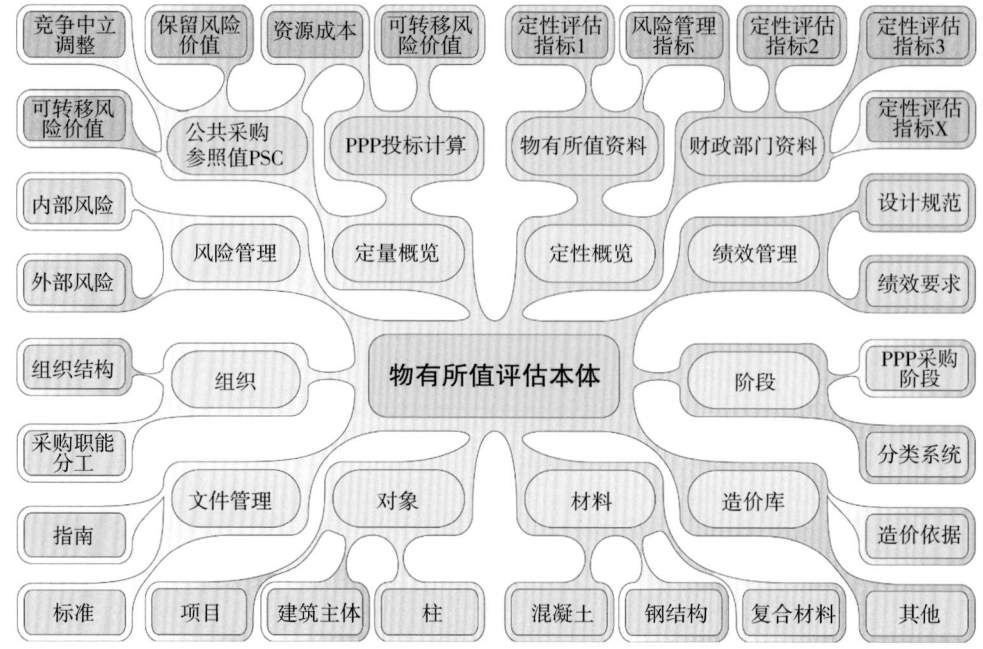

图 4-15　物有所值评估本体知识模型的概念类举例[27]

4.4.5.3　定义属性

接下来，为了赋予本体推理的能力，需要运用 OWL，将属性的定义和应用与类别的层次结构紧密结合。在 OWL 中，属性被分为三种主要类型：对象属性（ObjectProperty）、数据类型属性（DataTypeProperty）以及注解属性（Annotation）。对象属性主要用于描述对象之间的关系，即类内实例或个体之间的联系。例如，"HasDocument"属性就是用来建立"Project"这个实体和"DocumentInformation"（即 4.4.5.2 节中定义的"文件管理"类）这个类之间的关系的桥梁；数据类型属性则用于构建对象和数据值之间的定量或定性联系。例如，若要表达"一个楼板的面积为 1600 平方米"，则可以通过将面积"Area"这一数据属性赋给楼板的某个实例，并设定其值为 1600 来实现。用户还可以为自定义的数据属性（如厚度和宽度）指定不同的数据类型，比如"string"或"int"，如图 4-16 所示的 protégé 软件中的数据类型。总的来说，所有这些属性都是基于领域知识构建的，它们的作用是在不同的类和实例之间建立联系，从而为模型提供一种便捷的知识结构。

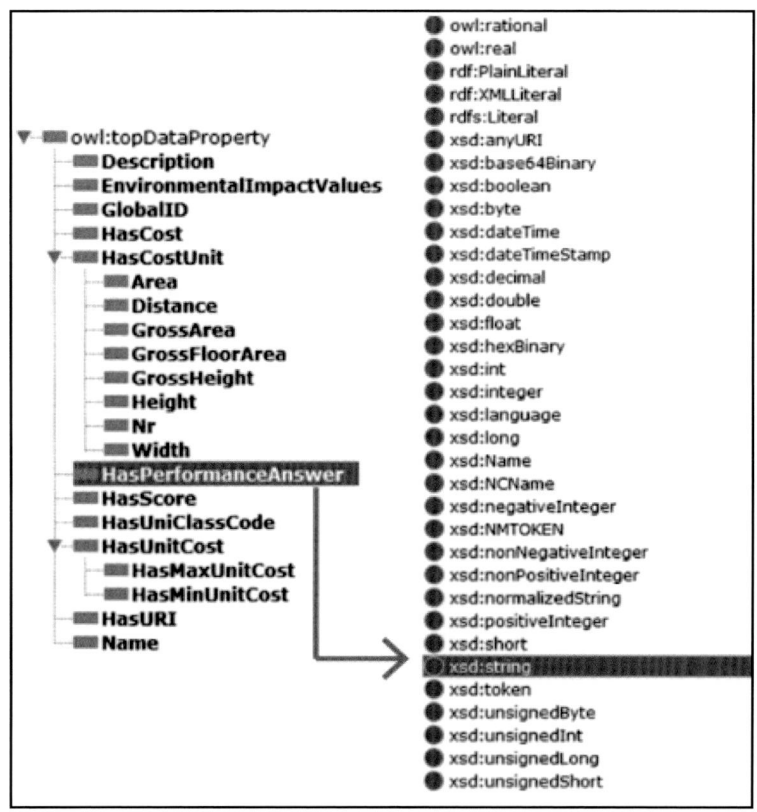

图 4-16　本体知识模型中的数据属性定义[27]

4.4.5.4　创建实例

实例（在软件中通常表示为 instance 或 individual）在信息共享和交换中扮演着关键角色。在本体模型中，实例须添加在特定类别中。创建实例的过程包含多个步骤：首先选择要添加实例的特定的类别；接着，确认每个实例都包含之前步骤中定义的所有相关数据属性；最后，使用预定义的对象属性来建立不同实例之间的基础关系。

以实例"Project"为例，它应具备"HasDocument"属性，该属性同时可以链接到如"SiteInformation"这样的特定实例，从而使本体的信息结构更加丰富和多维。图 4-17 展示了一个在本体软件中构建的、包含多种数据属性的地板（Floor）实例。

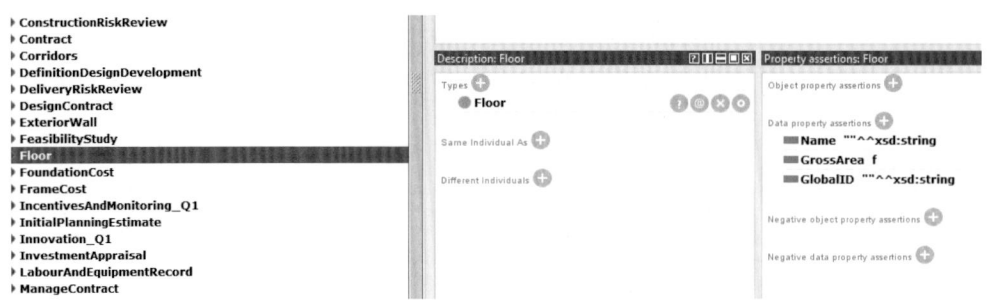

图 4-17　物有所值评估本体模型中的"地板"实例[27]

4.4.5.5　定义关系

图 4-18 上半部分展示了本案例定义的物有所值定性评估基本结构。在图中，圆形代表定义的实体类别，这些类别进一步包含了子类（子类包含关系在图中用"Subclass of"来表示）和个体。子类中的每个个体都继承了其上层类别所确定的对象属性和数据属性，从而形成了基本的关系结构。在图 4-18 下半部分中可以看到每个个体都属于子类"ObjectiveAndOutputs"，代表着一个评估实例。实例拥有基本数据属性"HasPerformanceAnswer"，表示评估反馈；同时，"HasScore"属性用来表示评估的结果。此外，该本体还设定了"HasRelatedDocument"属性，该属性的作用是在定性指标和标准化文档（以采购文档为代表，它们包含 URI 和标识信息等基本数据）之间建立联系。这种结构能确保模型应用的逻辑性和系统性。

类似地，图 4-19 展示了物有所值本体模型中定量评估部分的基本结构。在这一部分中，最核心的上层实体类是"Object"（可对应图 4-15 中的"对象"类），它被定义为涵盖所有与成本相关的广泛类别。这个类别是对任何在语义处理中涉及的事物或过程的最一般化表述。在数字模型中，这种"Object"通常代表建筑元素。在成本测算场景下，如测量建筑框架（framework）的成本时，需使用本体知识模型和工程数据中涉及框架对象之间的对齐来创建功能性连接。此外，每个成本指标都与相应的成本造价估算实体"CostEstimatesLib"（可对应图 4-15 中的"造价库"类）相关联，其用于存储单位成本信息，是成本评估过程中的一个关键类。在对象类中的实例也继承类的属性，并可按照规范，进一步附加用于成本测算的不同类型的属性，包括尺寸、数量、成本等。值得强调的是，在定量评估中，并非所有的子

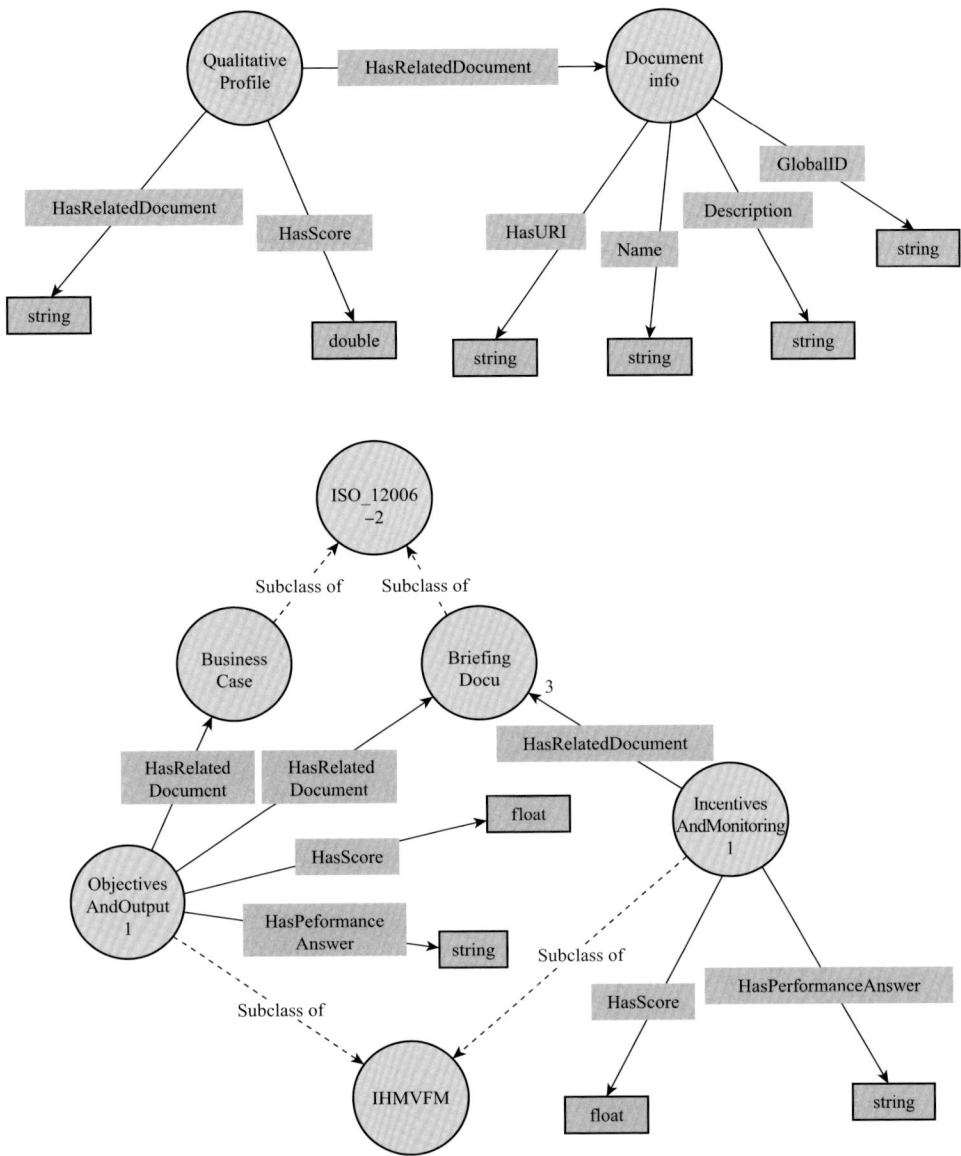

图 4-18　知识模型中定性评估的两种主要类别[27]

类都能直接与"Object"类关联（例如在图 4-19 中，只有资本支出"CapEx"和运营支出"OpEx"直接与其相关联）。然而，通过创建与项目文档的链接或手动输入值，也可以将成本数据库或信息源与那些无法直接关联的子类元素连接起来。这种灵活性允许本体处理各种不同类型的成本数据，并确保即使在复杂的情况下也能保持信息的完整性和一致性。

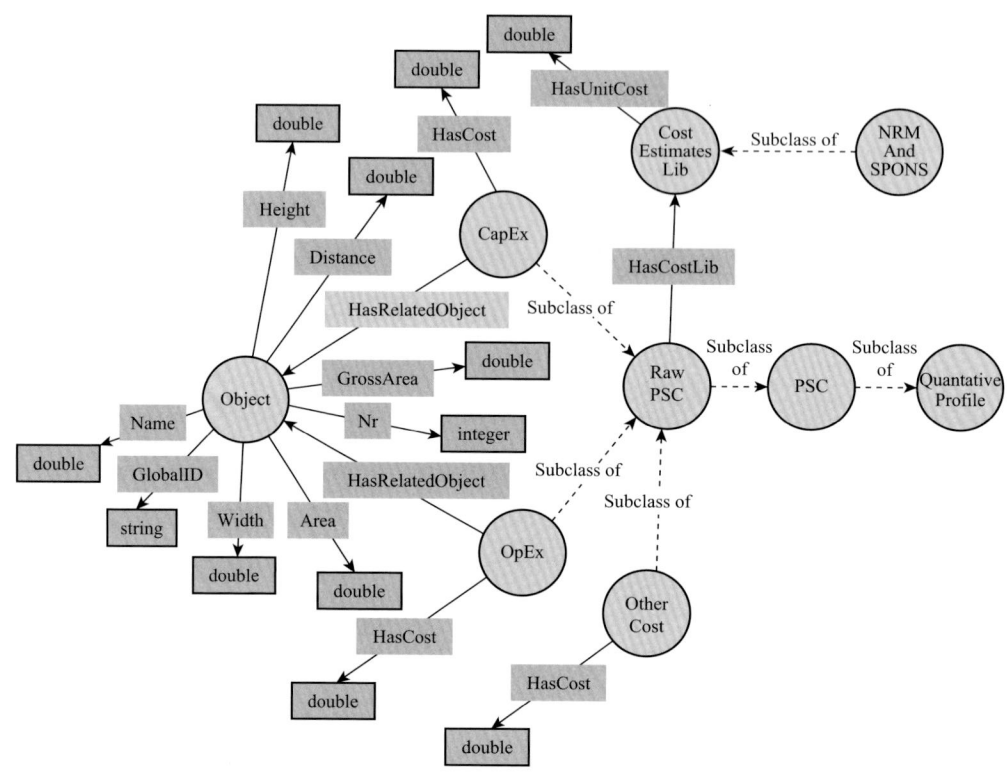

图 4-19　知识模型中定量评估的主要类别[27]

4.4.5.6　创建查询和推理规则

为了赋予本体知识模型语义功能，重点在于建立规则，并将这些规则与已经构建的模型进行集成。对于这一步骤，本案例采用了 SWRL 规则，这是一种基于 OWL 的规则语言，用于实现本体与推理机制之间的互操作性。SWRL 的核心特点在于其提供的推理能力，它使用符号"∧"作为连词，直接连接不同的概念原子（Atom），从而实现复杂逻辑推理的功能，并可以使用对应的查询语言 SQWRL 进行基于逻辑的查询。此外，"→"符号被用于连接前件，变量通过询问标记"?"来表示。

本案例使用 SWRL 和 SQWRL 连接了以下几种类型的原子：①类原子，涉及本体模型中的各种命名类别，它们用于指定和识别特定类别及其实例；②个体属性原子，涉及 OWL 中的对象属性，主要用于描述实体间的关系，如项目与相关文档或参与者之间的连接；③数据值属性原子，包括本体中的数据属性，用于表示与实体相关的具体数据信息，例如尺寸、成本等；④内置原子，这些原子支持许多复杂的谓词，可以执行更高级别的逻辑推理，比如数学运算或字符串处理等。

经过上述操作，便能够使本体实现复杂的推理和查询操作，增强其实用性。例如，可以创建规则来自动识别与成本计算相关的元素，或查询符合特定条件的最优供应商等。通过建立规则，本体知识模型不再只是一个静态的模型，而是转变为一个能够有效支持决策过程、提高信息管理效率的智能工具。这种功能集成确保了本体在各种复杂和动态应用场景中都能发挥其最大的潜力和效用。

表 4-9 中展示了使用隐含符号"∧"和"→"来连接不同的类别和个体原子的 SWRL 规则示例。遵循标准指南中的规则，"UpperFloorCost"等实体被表示为包含诸如"（?U）"等个体的命名类别，这些个体代表信息实例。对象属性原子如"HasCostLib"和"HasDocument"在前述步骤中被用于构建本体类别之间的关系，在 SWRL 规则中则用于检查是否存在符号序列"（?U, CompositeSteelAndConcrete）"这样的关系。数据属性原子如"HasUnitCost""GrossArea"和"HasURI"展示了特定实例中明确的和推断的数据属性层级，用于确认上部楼层的实例"（?F）"是否包含"GrossArea"的面积属性"（?a）"等。内置原子如"swrlb: multiply"（乘）和"sqwrl: select"（选中）用于执行基本计算和函数功能。

表 4-9　SWRL 规则举例[27]

规则描述	根据 SPONS 中定义的规则，要测量复合钢筋混凝土上层楼板的成本，需要获取楼板面积的单位成本
规则表示	UpperFloorCost（?U）∧ Floor（?F）∧ HasCostLib（?U, CompositeSteelAndConcrete）∧ HasUnitCost（CompositeSteelAndConcrete,?c）∧ GrossArea（?F,?a）∧ swrlb: multiply（?w,?c,?a）-> HasCost（?U,?w）
规则描述	为了评估定性内容中的"创新性"，查询相关技术文档的 URI 地址
规则表示	Innovation（?I）∧ Project（?P）∧ HasDocument（?P, TechnicalDocument）∧ TechnicalDocument（?T）∧ HasURI（?T,?u）-> sqwrl: select（?T,?u）

在进行标准化的价值评估时，使用这种方式能够相对轻松地构建评估规则，这些规则有助于决策者查询相关信息，并为自动化计算提供了一个起点，以进一步对建筑项目绩效进行评估和打分。在这个过程中，专家可以查询与采购项目相关的关键信息，例如项目地点、参与方和相关文档的详细信息等。

4.4.5.7 语义和句法验证

面向场景应用所构建的本体知识模型，本体包含的所有概念都是从标准化的知识库或标准中提取，还需通过语义验证来确保其与现有知识的对齐，证明它们的实用性和准确性。在对本体进行语义验证之后，对其进行句法验证也是必不可少的一步，包括检查本体的包含关系、实例化和一致性等方面。

参考大量相关研究中的方法，本案例使用本体软件中的功能插件 Pellet，根据本体中定义的语法规则来检查并修正错误。如图 4-20 所示，Pellet 的推理器能够基于这些规则识别异常情况并向用户显示，帮助排除可能的逻辑错误和不一致性，提高本体可靠性。

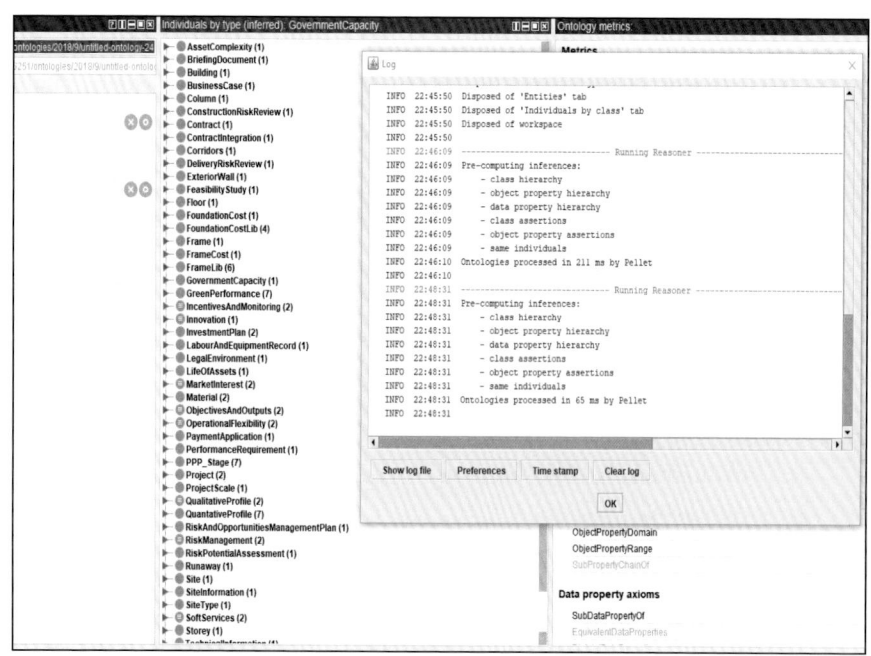

图 4-20　知识模型的推理过程[27]

4.4.6 本体知识模型在资产价值评估中的应用

在这一应用场景中,仍然使用机场 BIM 模型对所构建的本体知识模型进行测试。由于项目数据层面的一些约束,能从模型中获取的资源相对有限,因此本案例仅使用可用部分的数据,在特定的评估规则下进行本体模型的应用。所选用的 BIM 模型包含多个建筑和结构元素,如两层楼板、结构梁、混凝土框架、基础和上部结构的柱子以及地基板(图 4-21)。此外,IFC 模型中还包含了几个文档的 URI 地址和项目级别的信息,这些信息与文档可用于定性评估。

首先从 BIM 模型中提取 IFC 文件,并将其上传到 BIM 服务器;同时从 NRM 和 SPONS 指导文件中获取工程量单位和单位成本数据。将所有单位成本数据输入本体并构建相应的 SWRL 规则之后,知识模型即可基于评估指标,自动从 BIM 服务器获取相关建筑元素的数值,计算特定指标项的成本并得出定量评估的成本项数值。

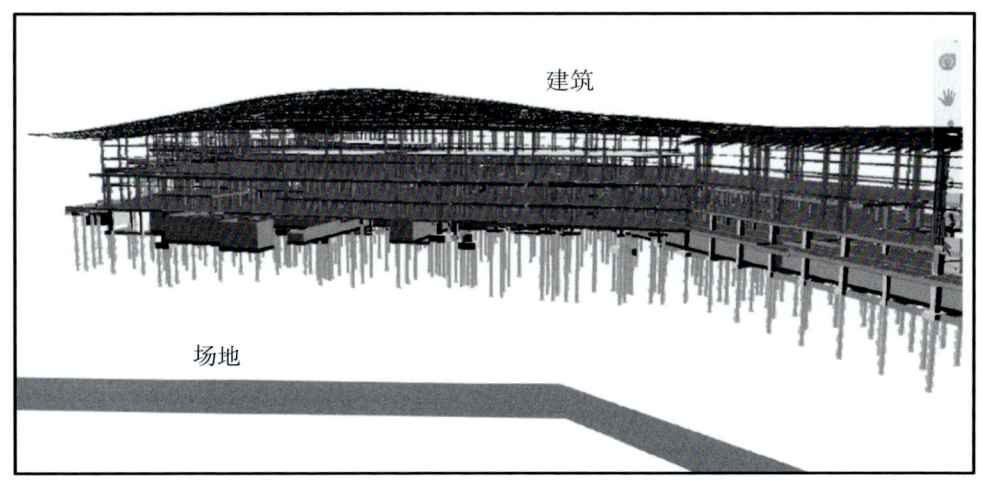

图 4-21 资产价值评估案例中使用的机场模型[27]

本案例使用的机场 BIM 模型包含 112 191 个 IFC 实体,涵盖了众多元素和属性信息集。在研究实验中,该案例创建了不同的评估场景,以涵盖价值评估中的定性和定量内容。针对定量评估部分,如上文所述,案例基于推理创建了 SWRL 规则和 IFC 查询函数以获取基于规则的数量值。一般而言，一个规则对应多个 IFC 查询函数，可分别检查基于材料信息和数量需求的元素属性，筛选后计算不同成本项的数值。定性评估的内容则主要是查找项目是否包含与物有所值评估的"目标和产出""风险管理"和"运营"指标相关的文档 URI 地址。定性评估通常需要适当的合同文档等项目文档支持，这些文件通常被存储在上层 IFC 实例（如"IfcProject""IfcSite""IfcBuilding"等）中，以 URI 数据类型存储，以便提取。本案例基于本体知识模型的物有所值定量、定性评估结果分别如表 4-10、表 4-11 所示。最后，将获得的结果与手动测量的结果相比较，可证明知识模型评估结果的准确性。

表 4-10 案例中定量评估规则结果[27]

场景编号	涉及规则数	涉及查询函数	查询 IFC 实体数量	IFC 实体	数量查询结果	材质	单位造价（欧元）	总造价（欧元）	该场景下造价评估总和（欧元）
Q1	3	6	15 678	IfcSlab	27 500.5	混凝土	84	2 310 042	5 190 651.5
				IfcColumn	1302.0	混凝土	180	234 432	
				IfcBeam	31 131.5	混凝土	85	2 646 177.5	
Q2	3	5	14 563	IfcBeam	11 376.0	混凝土	120	1 364 400	3 911 866.2
				IfcBeam	11 170.8	钢	145	1 619 766	
				IfcColumn	13 066.2	混凝土	71	927 700.2	
Q3	1	2	11 341	IfcSlab	110 779	混凝土	69	7 643 751	7 643 751
Q4	1	2	548	IfcWall	56 115.2	混凝土	130	7 294 976	7 294 976

表 4-11 案例中定性评估规则结果[27]

场景编号	涉及规则数	涉及查询函数	查询 IFC 实体数量	IFC 实体	返回 URI 地址
Q1	3	6	71	IfcProject、IfcBuilding、IfcSite	www.briefingdocument.org

续表

场景编号	涉及规则数	涉及查询函数	查询 IFC 实体数量	IFC 实体	返回 URI 地址
Q2	3	5	71	IfcProject、IfcBuilding、IfcSite	www.briefingdocument.org；www.businesscase.org
Q3	1	2	71	IfcProject、IfcBuilding、IfcSite	www.riskandopportunitiesplan.org www.deliveryriskreview.org www.riskpotentialassessment.org
Q4	1	2	71	IfcProject、IfcBuilding、IfcSite	www.feasibilitystudy.org

在 BIM 数据支持下，运用本体知识模型的自动评估能够提供可靠结果。相较于传统评估方法，基于 BIM 的自动评估方法依托于 IFC 数据，能为用户提供可实时更新的、可信度更高的评估结果。尽管少数人认为其与传统方法相差无几，但在金融计算领域，大部分用户仍倾向于利用自动化评估模型来提高评估效率，这可能因为该领域的算法和软件已经相当成熟，包含多种金融本体知识模型。然而，在 AEC 领域，现有的知识模型尚无法覆盖全部评估规则。在实际项目中，BIM 模型有时也不能存储所有相关信息，但其优势在于能够与实时工程数据紧密结合，并持续发展以纳入更多领域元素，从而促进与越来越多领域间的信息交换。

总体而言，在有资源支持的前提下，本体知识模型不仅能进行推理支持，还能够初步形成领域知识网络，基于数据和推理规则自动生成评估结果。本章案例中所展示的知识模型证明了其在 AEC 行业有较高的应用可行性。

在建筑类项目评估中，基于语义网技术的本体知识模型可以用来表示与建筑环境相关的领域知识。这些信息是由面向人类知识的语言初始化的，并与多个领域知识库相链接。作为语义网的关键组成部分，本体在构建计算机语言应用程序可读取的实现框架中发挥重要作用。在这一过程中，网络本体语言基于规则从本体知识库中查询信息，为数据管理提供了基础。通过构建本体知识库，可以将复杂的领域知识合理地纳入项目系统中。与通用的面向对象编程模型不同，本体环境中的模型同时包含语义关系、知识注解和丰富的信息管理规则。基于 IFC 的数据结构和信息交换标准，构建核心的应用型本体知识模型，能够为建筑类项目的定性和定量价值评估及相关决策提供有效支持。

在基于标准化 BIM 应用的建筑项目评估中，构建完善的信息交换体系能够保证的有效信息获取，但是大型建筑工程采购项目通常涉及更为复杂多元化的需求。这类项目评估不仅需要考虑技术规范和成本效益，还必须考虑政策、环境、社会和文化因素等多维度影响。当前的 BIM 相关研究和技术发展尚不能充分应对这种多元复杂性，尤其是在整合广泛的跨学科数据和知识时仍面临挑战。此外，知识模型的应用过程往往涉及多方利益相关者，这就需要更高层次的协作和沟通机制，而现有的语义网和 BIM 技术还未能充分满足这种高度协作的需求。所以，完善的本体知识模型应用方法和标准化信息交换的结合，对于解决上述问题是至关重要的：本体知识模型可以提供一个标准化、结构化的方式来描述和整合跨领域的知识，标准化的信息交换则有助于确保不同利益相关者之间的有效沟通和数据共享。这种结合可以在更大程度上应对大型公共采购项目中的复杂性和多样性，同时提高决策效率。

基于本体的知识模型定义了领域实体、属性、数据类型和关系，在消除信息整合中的歧义的同时提供了标准化的语义模型，有助于提高数据的互操作性并促进跨领域衔接，使不同系统更容易共享信息。此外，本体可以根据特定领域或行业的需求进行定制化应用，从而实现专业性的领域知识管理。结合本体支持的推理规则，系统能够从已有知识中推断新的信息。另外，本体独立于自然语言，无需翻译或适配即可适用于多语言环境。它还有助于确保数据的一致性和高质量，可用于验证和维护数据的准确性。最后，基于本体的知识模型还能支持信息的智能搜索，以满足用户精确查找的需求。

构建本体知识模型之后，如何结合以 openBIM 数据应用体系为代表的工程项目数据进行使用，是本章探讨的另一个重要内容。对此，本章介绍了两种思路：一是将 IFC 数据模型转换为本体语言（如 RDF/OWL）；二是使用 XML 作为中间层，以便通过解析 BIM 数据的方式实现链接。其中，将 IFC 数据模型转换成 RDF 或 OWL 涉及语义网标准格式的应用，这种方法在处理复杂关系和捕捉高级语义方面具有显著优势。它通过建立特定领域的本体知识模型执行复杂查询和数据操作，适合深度数据分析和推理的应用场景。然而，这种转换过程本身可能需要特定的知识和技术支持，现有的转化工具不适用于大型的工程项目，在数据模式转化中比较消耗算力。第二种思路使用 XML 作为中间层来链接 BIM 数据解析的功能和本体语义的规则，侧重于当前开发环境、工具的兼容性，通过 Java 对 BIM 数据进行解析。这种思路更适合当前软件平台开发，但是在处理非常复杂的数据关系时可能会遇到限制，并且当 IFC 模型或本体知识库更新时，维护可能会变得复杂。从实用性的角度出发，两种思路都有进一步优化的空间。

5

BIM 与 AI 算法结合
用于建筑资产评估

随着 21 世纪科技的迅猛发展及信息化在众多领域的深入应用，建筑行业经历了一场向数字化转变的革命。从早期的计算机辅助设计（CAD）到 BIM 技术，再到当下 openBIM 应用体系与 AI 技术的结合，数字化建筑技术极大程度地提高了传统设计、施工和运营管理的效率。AI 与 BIM 的结合具有提升方案质量和可持续性的多元潜力，例如智慧建筑作为现代 AI 科技与建筑领域的融合产物，通过运用传感器、控制系统和先进的数据分析技术，可以实现建筑管理的自动化和智能化。这些技术集成正在转化为更便捷通用的工具或平台。

本章将围绕 IFC 数据模式展开，重点探讨 AI 算法与 openBIM 方法的融合应用。具体而言，本章将通过实例，介绍如何结合 AI 算法，高效获取、处理和应用建筑信息模型中的数据，实现更精确有效的分析预测，从而向读者揭示 AI 和 BIM 技术相结合如何更深入地挖掘建设类数据价值，为行业带来创新和进步。

5.1 BIM 数据获取

要实现 BIM 和 AI 技术的结合应用，首先需要了解从 BIM 获取数据的方法和流程。BIM 作为一个集成的数据平台，为资产评估提供了详尽准确的信息，包括建筑物的物理结构、功能特性以及与维护、寿命和性能等相关的详细数据。这些数据也可以用于训练 AI 算法，以便实现对评估需求的预测、对设施性能的评估等。有效的数据提取和管理不仅为资产评估专家提供支持，也为 AI 开发者构建了坚实的数据基础，使他们能够执行精确的资产分析。

5.1.1 BIM 数据获取方式

IFC 模型遵循 EXPRESS 标准，由有序排列的实体组成，这些实体以"IfcRoot"作为根实体被分层，每个实体都拥有 GUID，以及用于命名和描述的属性。实体之间的关联通过"#"符号后接一串数字进行索引。在 BIM 数据获取的过程中，如何有效地从 IFC 模型中提取相关数据，是确保项目管理、分析和后期应用的关键。无论是从整体结构获取信息，还是针对具体的构件进行提取，理解 IFC 模型的结构和实体关系是基础。提取方式主要包含以下几种。

5.1.1.1 按需执行提取

这种方法允许用户根据需要提取单个或多个数据集，适用于从模型中获取部分数据。例如，在实际操作中，可以根据需求创建不同的类，如 Structuraldataset( ) 和 Costdataset( )，以便于提取结构信息或成本相关的数据集。这些数据集可用于从导入的 IFC 模型中提取特定的子模型数据。

数据的提取过程往往依赖于关系实体应用。如可以通过 IFC 中的 IfcRelAggregates 和 IfcRelContainedInSpatialStructure 等关系实体，来获取与项目细节和空间结构相关的数据，图 5-1 展示了如何在一个具体例子中通过这些实体提取相关的数据。在实际使用的 IFC 文件中，带有标识符 ID 号如 #1033759、#1033763 和 #1033767 的数据都是 IfcRelAggregates 实体的实例，这些实例与 IfcProject（#108）、IfcSite（#1030319）、IfcBuilding（#123）和 IfcBuildingStorey（#148 和 #166）的数据相关联。

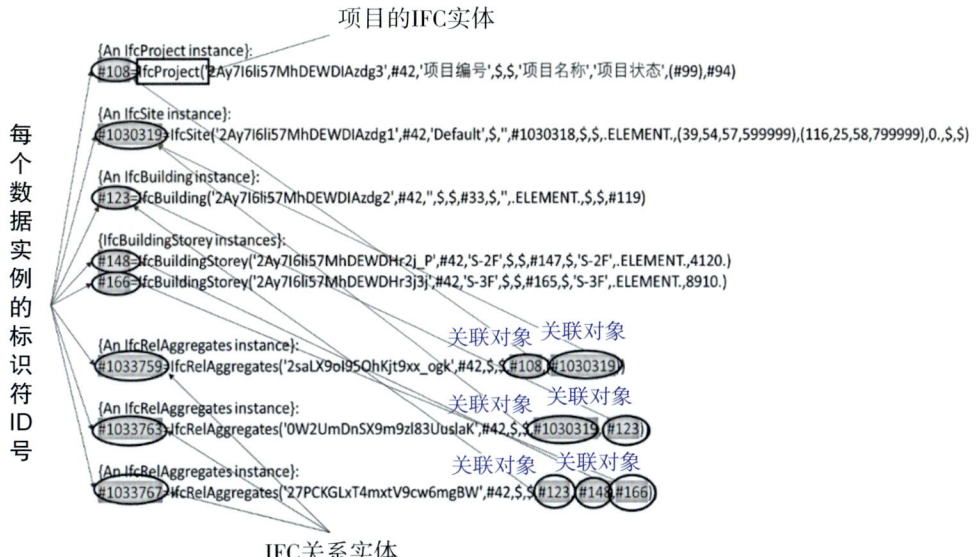

图 5-1　使用开发的工具提取 IfcRelAggregates 实体的示例[13]

此方法仅适用于部分模型的数据提取，换句话说，当使用如 IfcRelAggregates 这样的关系实体进行数据提取时，获取的通常是与特定项目部分（例如整个建筑层或整个建筑）相关的一组数据。所以，使用这种方法的前提是需对模型的整体结构和层次具备一定的理解。然而，如果目标是提取关于模型中单个元素（如一个特定的柱子或墙）的具体信息，这种方法就不太适合，因为它可能同时会提取出许多其他不相关的数据。在建筑结构分析中，不同类型的建筑构件如柱、楼板和墙体等，会被表示为 IfcColumn、IfcSlab 和 IfcWall；而在结构分析模型中，这些构件的表示方式有所不同，比如柱等线状元素会被表示为 IfcStructuralCurveMember 实体，墙和板等面状元素则以 IfcStructuralSurfaceMember 实体来表示。为了确保建筑模型与结构分析模型的有效对接，通常会通过 IFC 标准将两者结合起来。

根据相关研究[42]，一个专门为结构分析设计的模型会遵循一定的数据提取流程，以确保在物理模型与其对应的分析模型之间建立准确的链接。在这个数据获取过程中，一个较为特殊但极其有用的 IFC 实体——IfcStructuralAnalysisModel，扮演了关键角色。该实体被用来收集和总结构成结构分析模型所需的全部信息，包括结构元素、连接件及其活载荷等，为分析模型提供一个完整的信息集合。通过使用 IfcStructuralAnalysisModel 实体，可以实现对结构分析所需数据的初步集成，有效地将物理建筑模型与其分析模型相连接。这不仅优化了数据提取过程，还避免了信息冗余。因此，通过精确选择和应用合适的 IFC 实体和数据提取流程，可以显著提高结构分析所获取数据的质量和可靠性，避免引入无关数据的风险。

5.1.1.2 元素提取

按照元素提取是一种用于获取特定实例数据的方式，可以帮助剔除模型中不必要的数据，从而聚焦于分析和操作所需的核心内容。通过这种方式，可以直接提取单个构件或组件的信息，例如特定的 IfcColumn、IfcWall 或 IfcSlab。然而，在进行元素提取时，直接从 IFC 模型中获取单个元素的数据而忽略其空间上下文，可能会造成数据层级结构的不一致。这是因为 IFC 模型依赖严格的分层和关系结构来描述建筑物的整体情况，元素的提取不仅需要考虑其本身，还必须保留与其相关联的空间关系和项目细节。

在建筑信息模型中，每个元素不仅代表一个物理构件，还在模型中具备特定的位置和关联性。比如，一个 IfcColumn 实体不仅表示一根柱子，还包括其在建筑整体中的定位、所属楼层以及与其他构件（如楼板、梁等）的关系。因此，当提取一个元素时，模型中的 IfcRelContainedInSpatialStructure 和 IfcRelAssociates 等关系实体会起到关键作用。这些关系实体确保提取的数据能够准确反映元素在建筑结构中的角色，避免因缺乏上下文而导致的误解或信息丢失。例如，当从模型中提取某个 IfcWall 实体时，如果没有关联到其所在楼层的 IfcBuildingStorey 或项目中的 IfcBuilding，则计算机可能无法对墙体空间位置进行正确理解，这会影响到后续的分析和处理。因此，元素提取不仅要获取到具体的 IfcWall 数据，还应包括该墙在模型中的定位信息以及相关的关系数据。这种关联信息确保了在提取数据后，元素仍能完整地与建筑模型的其余部分保持一致。

5.1.1.3 属性集／数量集提取

属性集提取功能专门用于获取那些可以直接作为设计需求输入的属性数据集和数量集。如先前所述，在 BIM 中，建筑元素与其属性通过两种主要方式关联：一种是使用 IfcRelDefinesByProperties 实现的直接链接，另一种则是通过 IfcRelDefinesByType 实现的间接链接。

图 5-2 展示了在 Python 环境下，如何以 IfcElement 实体作为功能作用的起点，利用 IfcRelDefinesByProperties 来追踪属性集的连接。这一过程可描述为：从 IfcRelDefinesByProperties 出发，找到与之关联的 IfcPropertySet。这个迭代过程最终会达到 IfcPropertySingleValue 实体，这里包含了元素的关键信息，如名称、描述、标称值（即属性的实际值）和单位。为了提取这些关系实体，可以使用反向属性 IsDefinedBy❶。

这种算法不仅适用于属性的提取，也同样适用于数量的提取。在提取数量时，遵循的路径是从 IfcRelDefinesByProperties 到 IfcElementQuantity，这里涵盖了元素

---

❶ 在 IFC 模型和许多类似的复杂数据模型中，一个实体通常会有直接的关联指向其他实体（比如它的属性或它所属的楼层），这些是正向（直接）关系，可以通过直接属性 RelatingPropertyDefinition 来获取；同时也可能存在反向（Inverse，INV）关系，这意味着可以从一个实体回溯到与之相关联的实体，此处使用的就是反向属性 IsDefinedBy。

的面积、体积和长度等关键量化信息。通过这种方法，能够系统地提取和组织对设计和分析至关重要的信息，这种提取机制既是数据访问过程，也为数据处理分析奠定基础。

```python
# 函数：提取特定元素的属性集
def extract_properties(ifc_file, element_id):
    element = ifc_file.by_id(element_id)
    properties = []
    # 查找与元素相关联的属性
    for relDefinesByProperties in element.IsDefinedBy:
        if relDefinesByProperties.is_a("IfcRelDefinesByProperties"):
            property_set = relDefinesByProperties.RelatingPropertyDefinition
            if property_set.is_a("IfcPropertySet"):
                for property in property_set.HasProperties:
                    if property.is_a("IfcPropertySingleValue"):
                        properties.append({
                            "name": property.Name,
                            "description": property.Description,
                            "value": property.NominalValue.wrappedValue,
                            "unit": property.Unit if property.Unit else None
                        })
    return properties
# 函数：提取特定元素的数量集
def extract_quantities(ifc_file, element_id):
    element = ifc_file.by_id(element_id)
    quantities = []
    # 查找与元素相关联的数量
    for relDefinesByProperties in element.IsDefinedBy:
        if relDefinesByProperties.is_a("IfcRelDefinesByProperties"):
            property_set = relDefinesByProperties.RelatingPropertyDefinition
            if property_set.is_a("IfcElementQuantity"):
                for quantity in property_set.Quantities:
                    quantities.append({
                        "name": quantity.Name,
                        "quantity": quantity.QuantityValue
                    })
    return quantities
```

图 5-2　Python 环境下的 IFC 属性和数量提取

5.1.2　BIM 数据获取流程

BIM 数据获取方法的工作流程如图 5-3，图中展示了各个步骤的逻辑顺序和数据的转换过程。

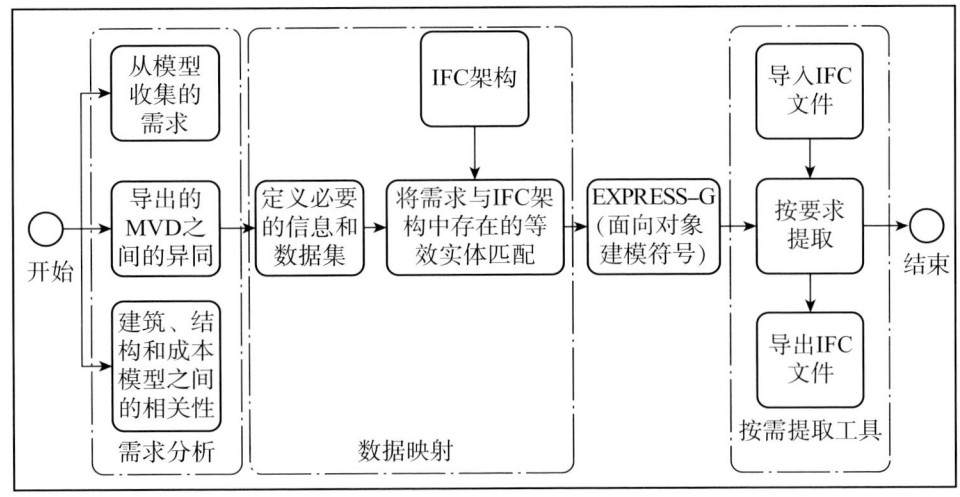

图 5-3 BIM 数据获取整体思路

首先,将预先定义的需求映射到 IFC 模式中,是实现数据获取的重要步骤。这一过程涉及将每项需求与模型中的对应实体、类型和属性进行匹配。这种匹配过程可能会根据开发者、被交付方和模型应用方的不同而有所不同,然而,若首先定义一个核心的、共用的数据集,构建项目时就可以使用这一相同的基础映射集,并以此为基础,根据特定用例的需要,对这个数据集进行扩展,从而大大节省时间和资源。以下以对结构和成本信息等的需求为例,对数据提取流程进行说明。

为实现 IFC 映射,在方法层面一般考虑基于 EXPRESS-G 的面向对象建模符号法。EXPRESS-G 是一种专门用于面向对象信息建模的图形建模语言,非常适合用来描述映射到 IFC 数据结构的定义需求,同时也能清晰地描绘这些需求与数据结构之间的关联关系。图 5-4 展示了从 IFC 通用元素的角度出发,与不同 IFC 模型相关的实体及其相互关系。在这些实体中,有一些是可以跨越多个模型共享的(蓝色虚线框表示共享信息),例如,项目数据和单位信息是所有学科的通用需求。在这种情况下,IfcProject 作为重要 IFC 实体,包含了整个项目的数据以及项目中使用的单位。

在项目的结构信息中,空间结构(Spatial Structure)的定义起着至关重要的作用,在创建 IFC 文件时,它被用来构建建筑物的分层结构。空间结构不仅为建

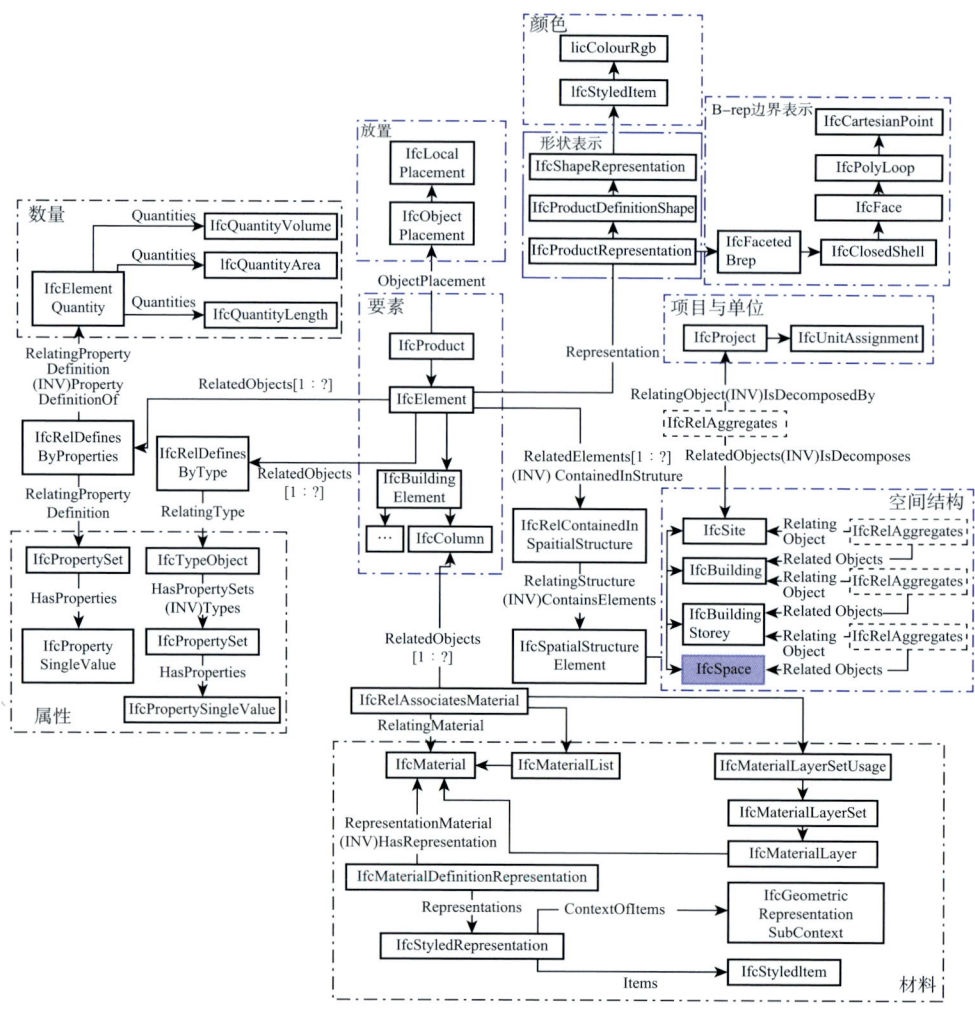

图 5-4　用 EXPRESS-G 表示的 IFC 模式下的数据集及其相互关系[13]

筑信息模型提供了基础框架，还确保了数据在整个建筑信息模型中的有序组织。空间结构主要包括几个关键实体：IfcSite（代表项目的地点）、IfcBuilding（建筑物）、IfcBuildingStorey（建筑楼层）和 IfcSpace（特定的空间），这些实体在建筑物的虚拟组成表示中扮演着核心角色[98]。为了展现这些实体之间的层级关系，可以使用 IFC 中的 IfcRelAggregates 关系实体来描述它们之间的从属和组合关系。此外，还可以用 IfcRelContainedInSpatialStructure 关系实体将建筑元素实体（如用来表示柱实体的 IfcColumn 等）与相应的空间结构（例如 IfcBuildingStorey）联系起来[98]。这种关联确保了元素与其所在空间的正确对应，从而为整个建筑物的设计和分析提供了精确的基础。

尽管大多数 IFC 实体在所有数据集中都是通用的，但如同 IfcSpace 这样的实体的用法可能会根据具体用例有所不同。在一些情况下，IfcSpace 可能不是必需的实体，这取决于项目的具体需求和特性（为了强调其可选性，图 5-4 中的 IfcSpace 用一个蓝色框来表示）。通过这种细致的空间结构设计和清晰的实体关系表示，可以有效构建和管理复杂的建筑信息模型，确保模型各个组成部分之间的逻辑一致性和数据完整性。

此外，在建筑信息模型中，元素的位置和尺寸也是至关重要的信息，一般通过 IfcObjectPlacement 实体来确定，并使用 IfcProductDefinitionShape 实体来表达它们的形状[99]。这种设置使得模型中的每个元素都具有明确的空间定位和物理维度。在 IFC 数据结构中，子类型❶ 实体继承其超类型❷ 的属性，形成了一种有序的继承体系，例如 IfcProductDefinitionShape 就是 IfcProductRepresentation 的一个子类型，这意味着 IfcProductRepresentation 中的所有属性和信息都会自动传递给 IfcProductDefinitionShape。这种信息的传递保证了数据属性信息的一致性，类似这样的传递和继承关系贯穿在整个 IFC 数据架构中。

在可视化方面，形状信息对于建筑物至关重要，不仅因为它们提供了直观的图形表示，还因为它们可以被用来推断更多新的信息，如元素的面积和体积等。这些数据对于评估建筑设计的功能性和效率至关重要，因此在 BIM 模型中它们通常需要被共享和重用。本章下一节介绍的案例，将展示尺寸数据如何被进一步用于计算给定元素的集成碳含量和成本估算等，以帮助对设计方案进行成本效益分析，凸显 BIM 方案的可持续性和经济性。

在属性信息层面，建筑元素的详细信息（如结构属性），如之前章节所叙述，也是通过 IfcPropertySet 等实体储存在属性树中。通常来说，建筑元素（如墙、柱）与其属性之间的关联可以通过两种方式建立：一是通过 IfcRelDefinesByProperties 实体进行直接关联，二是通过 IfcRelDefinesByType 实体进行间接关联。这两种关联方

---

❶ 子类型是从其超类型继承属性的更具体的实体类型。它不仅包含超类型的所有特征，还可添加一些独属于该类型的新特征。
❷ 超类型是一个更广泛的实体类型。它定义了一组基本的属性和特征，这些特征可以被更具体的实体类型继承和共享。

式都将建筑元素与其属性集（IfcPropertySet）和对象类型（IfcTypeObject）联系起来。具体来说，使用 IfcRelDefinesByProperties 关系实体，可以将一个建筑元素实体如 IfcWall、IfcColumn 等直接关联到一个 IfcPropertySet 实例，并通过这个实例再进一步存储和获取相关的属性信息。

在构建信息模型的数量信息层面，IfcElementQuantity 实体扮演着关键角色，它专门用于捕获和管理建筑元素的关键量度信息，比如长度（IfcQuantityLength）、面积（IfcQuantityArea）和体积（IfcQuantityVolume）。这些量度信息不仅对于项目的规划和成本估算至关重要，也是实现精确施工和后期维护的基础。为了确保建筑元素与它们量化属性之间的精确对应关系，IfcElementQuantity 通过 IfcRelDefinesByProperties 实体与上下文中的其他实体建立联系。在文档或图纸中，通常用红色虚线框标出特定实体，对这种关系进行可视化表示，以便于理解和操作。然而在当前的实践中，特别是由于 BIM 标准化在工程管理领域仍处于不成熟阶段，并非所有项目的 IFC 文件中都会提供 IfcElementQuantity 等关键实体。在许多情况下，导入的 BIM 模型可能缺乏关于长度、面积或体积的具体值。这种信息的缺失可能会导致项目管理和施工过程中的不便和不准确。为了克服这一问题，通常采取的解决策略是编写并应用特定的规则来推导或计算这些缺失的量度信息。这种方法可以临时弥补信息的不足，从而在没有直接提供关键量化数据的情况下，仍能维持项目的信息管理和执行。

5.1.3 数据获取工具开发

在开发用于 BIM 的数据提取工具时，一个核心的需求是实现对 IFC 模式的读取和解析功能，故这类工具也可以视为 IFC 解析器（IFC parser），IFC 解析器可以以多种模式从 IFC 模型中提取数据集群，这些提取模式可分为以下几类：①一对一（单个元素到单个属性的映射）、一对多（单个元素到多个属性的映射）以及多对多（多个元素到多个属性的映射）提取；②对特定类型数据的提取，例如专门提取所有的结构元素或特定类型的空间数据；③对属性集的提取，可能包括尺寸、材料、成本估算等关键信息。总体来说，现有工具包中包含的多种 IFC 解析器都具有较高的数据提取效率，从复杂的建筑模型中获取的信息可以保证一定的准确性。BIM 数据获取工具的典型工作流如图 5-5 所示。

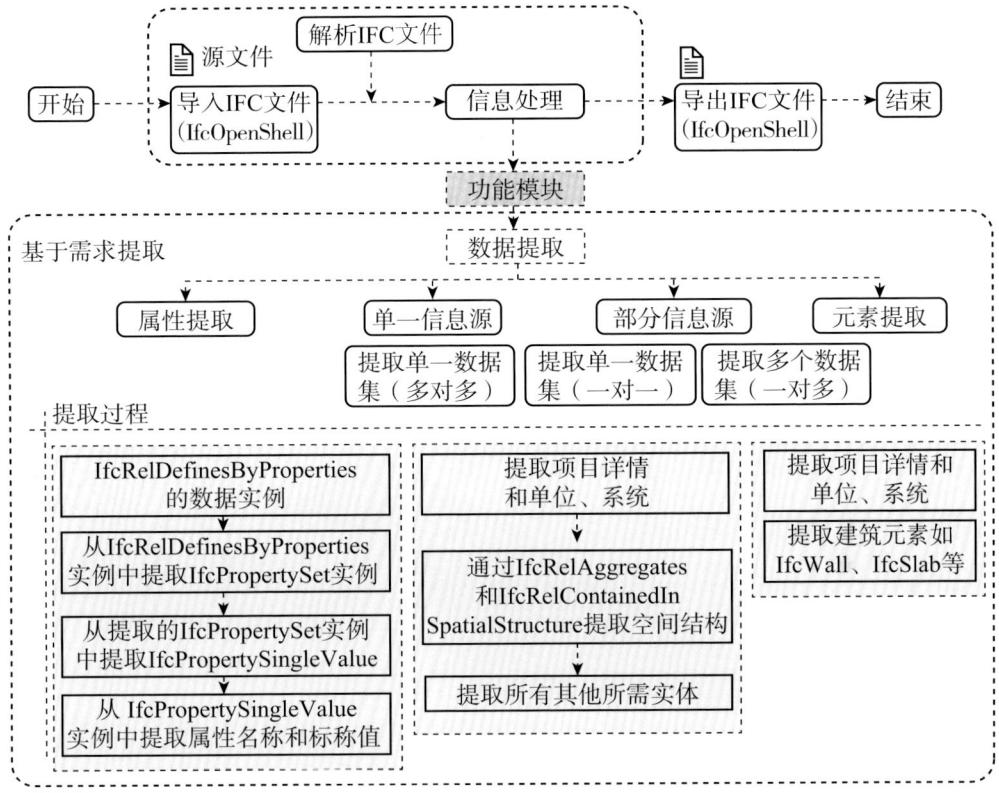

图 5-5　BIM 数据获取工具的工作流[13]

IFC 解析和 IFC 模型架构作为实现 IFC 读取和解析的核心内容，将 IFC 的复杂建筑信息文件转换为计算机能够理解和处理的格式。具体来说，IFC 解析器的主要职能是直接读取和解析 IFC 文件中的物理数据，并通过解码这些数据，将其转换成一种结构化的、可供程序进一步操作的数据格式。与此同时，IFC 模型架构专注于创建与 IFC 物理文件等价的、机器可理解和操作的对象模型，使得这些数据不仅可以被读取，还能在多种软件应用中被顺利使用。

随着自动化和数字化技术在建筑行业的广泛应用，市面上已经出现了众多支持各种编程语言的开源库，旨在促进 IFC 数据的获取和利用。特别是在数据分析领域，Python 因其易用性和强大的数据处理能力成为了一个热门选择。在这一背景下，IfcOpenShell 库应运而生[100]，它是一个专门为 Python 环境设计的库，旨在实现 BIM 数据的有效交换和处理。IfcOpenShell 作为一个卓越的开源项目，不仅提供了对 IFC 文件的高效访问和操作能力，还不断更新以满足不同领域变化的需求。此外，IfcOpenShell 库的支持已扩展到了 IFC 4 架构，这为建筑数据模型的标准化和兼容性提供了更强大的支持（图 5-6）。这意味着开发者不仅可以使用 IfcOpenShell 访问和处理 BIM 数据，还能确保他们的工具和应用步骤与国际标准架构保持一致，以此来不断优化和扩展数字解决方案。

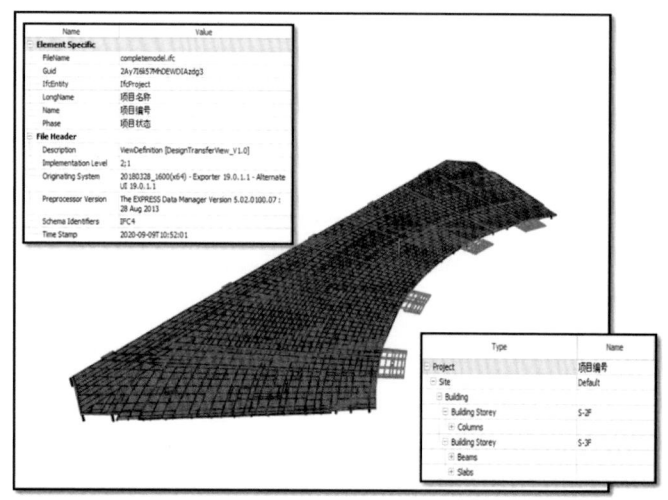

图 5-6　BIM-IFC 模型

此处以一个机场 BIM 模型为例，展示使用 IfcOpenShell 如何提取建筑项目的相关数据。机场模型由多个建筑层（包含实体、属性信息等）构成，还包括多种结构，如基础结构（如混凝土梁、混凝土柱和混凝土板）、上部结构（混凝土梁等），以及上层楼板结构（如现场浇筑柱、上层板段和屋顶柱）。通过 Revit 软件中的 IFC 4 设计传输视图（Design Transfer View，DTV）❶将该模型导出 IFC，并使用 IfcOpenShell 和相关算法库，对该模型的梁、柱和板等基本建筑元素进行提取。

如表 5-1 所示，原始模型共包含 664 280 个实体，其中 3415 个为建筑元素实体，包括 2962 个梁、424 个柱和 29 个板。基于 IFC 的 BIM 模型，通过集成算法库

---

❶ 设计传输视图（DTV）是专门为设计阶段的数据交换和协作而优化的视图，包括了在建筑设计阶段最常用和最关键的 IFC 实体和属性，使得数据文件更加精简且专注于设计相关的信息。

的功能，可以根据需要选择提取各种数据集或一组特定建筑元素等，如全部楼板的 Slabs-IFC 文件、全部结构梁的 Beams-IFC 文件、结构柱的 Columns-IFC 文件、专门用于结构设计的 SCDS 文件和用于成本估算的 SCDS 文件等。当然，这些导出的文件还可以被 IFC 解析器进一步分析处理。采用此种方法，可以尽可能地在现有技术水平下提取所需元素的数量、属性，避免数据丢失。

表 5-1　某机场 BIM 案例中数据处理前后实体总数对比

文件名称	总实体数	建筑元素	柱子	柱子类型	梁	梁类型	板
提取前							
原始 IFC 文件	664 280	3415	424	389	2962	2958	29
提取后							
柱子-IFC 文件	658 331	424	424	389	0	0	0
梁-IFC 文件	663 438	2962	0	0	2962	2958	0
板-IFC 文件	657 547	29	0	0	0	0	29
SCDS-结构设计文件	659 722	3415	424	389	2962	2958	29
SCDS-成本估算文件	664 279	3415	424	389	2962	2958	29
MCDS	640 872	3415	424	0	2962	0	29

在应用中，为了确保数据交换方法的实用性，可以根据 Python 的数据提取功能开发相关工具。如采用 Tkinter❶ 的标准图形用户界面库创建图形用户界面（GUI），便于用户快速进行应用程序的操作。

5.2　建筑资产评估概述

建筑资产评估旨在分析和估算建筑资产的市场价格或近期资产交易价格。它不仅要考虑当前市场的文化和地理基本情况，还要考虑一系列的复杂因素。在建筑资

---

❶ Tkinter 是 Python 的标准图形用户界面库，用于创建桌面应用程序，允许开发者以简单直观的方式设计用户界面。

产评估的方法层面，传统的方式如销售比较法❶（Sales Comparison Method）是应用最为广泛的方法，特别是在同一市场区域内有类似资产交易时，其效果尤为显著。销售比较法的评估过程包含几个关键步骤：首先，评估人员需要比较目标资产与已交易的类似资产间的属性差异。这些属性可以分为连续特征和分类特征；然后，为每一个特征都赋予一个权重值，以反映其在评估中的重要性，再将所有特征的差异乘以相应的权重，并将这些加权差异求和；最后，根据特定的指标，对总和进行进一步计算，得到最终的"距离"值。这个"距离"值用于量化目标资产与已售类似资产之间的差异，可基于"距离"对目标资产的市场价格进行调整，使其更为合理。

随着市场需求的多样性和复杂性不断提高，建筑资产评估的内容和方法也在不断更新。目前，建筑资产评估的研究关注点主要集中在可持续性评估、享乐定价模型和人工智能算法模型等方面。可持续性评估主要关注的是建筑资产的可持续发展表现，通过绿色评级系统（如 LEED❷、CASBEE❸ 和 BREEAM❹）来量化建筑物在能源效率、健康舒适度、生命周期成本等方面的市场价值，从而评估建筑可持续特征对其作为资产的价值的直接或间接影响，如增加财务收益或降低风险等。然而，由于房地产市场中建筑资产的可持续性相关数据相对不足，以及评估专业人员缺乏相关知识和技能，可持续性评估当前在实际应用中还存在诸多挑战。享乐定价模型（Hedonic Pricing Models）是另一种常见的评估方法，通过分析市场数据，建立房地产特征与价格之间的关系模型，从而预测资产的市场价值。尽管其理论基础坚实，但在实际应用中往往面临复杂的数据采集和处理工作。随着大数据时代的到来和机器辅助计算技术的不断进步，AI 算法模型在资产评估中的应用越来越受到关注。AI 算法模型能够处理大量复杂的数据，并提供更加准确和高效的评估结果。

---

❶ 一种通过比较目标资产与同一市场区域内已售出类似资产的属性差异来估算目标资产市场价值的评估方法。
❷ 一个受到广泛认可的绿色建筑认证系统，旨在评估建筑设计、建造、运营和维护的环境效率与可持续性。
❸ 日本的一种建筑环境评估系统，用于评价建筑整体环境性能，包括节能、材料效率、室内环境质量等方面的评估。
❹ 世界上最早的建筑环境评估方法之一，主要用于评估商业、住宅和公共建筑的环境性能。

5.3 AI 算法服务于建筑资产价值评估

本书第 2 章已对 AI 算法在资产评估领域的应用原理作了初步介绍。近期的一系列针对建筑资产评估与 AI 算法相结合的研究显示，在资产评估尤其是地产评估领域，最常用的算法仍然是神经网络算法，其中误差反向传播（Back Propagation，BP）[1] 神经网络的应用尤其备受关注。然而，这种方法虽然在小规模数据集上能展现出色的预测能力，但在处理更复杂的问题时可能会面临一些挑战。例如，BP 神经网络可能需要进行大量的迭代来达到收敛，这可能导致计算非常耗时[101]。在数据达到一定规模的情况下，对这类算法模型的应用需要考虑计算资源和时间成本，这也成了其技术应用中需要解决的重要问题之一。此外，遗传算法在房地产评估领域中的应用价值开始进入研究者视野。作为一种启发式搜索算法，遗传算法模仿自然选择过程，通过迭代进化来优化问题的解决方案。在评估应用中，它可以被用来辅助选择最佳的变量组合，以提高模型估值的准确性[102]。

根据目前 AI 的发展趋势推测，单一的神经网络或遗传算法在绝大多数情境下未必能取得令人满意的效果。然而，结合遗传算法优化的神经网络算法体系仍有进一步探索的潜力，有望在建筑资产评估领域表现出更好的性能，这便是集成学习方法研究的一种思路。近几年的研究开始将不同算法和框架结合应用，形成集成学习方法体系，将其作为一种整合多种计算思路以增强预测能力的策略，来提高资产评估模型整体的计算性能。

集成学习的优势主要在于：①结合了多个单一预测模型，这些模型可能采用不同的算法或数据子集，因而提高了总体模型数据处理方法的多样性，增加了整体模型对数据不同方面的理解和适应能力，并且这种多样性使得集成学习模型通常比单一模型具有更好的泛化能力。②通过对多个模型的预测结果进行平均化或基于权重的处理，集成学习模型能够减少单一模型可能出现的过拟合或泛化误差。③集成学习模型的可解释性比传统算法模型更强，虽然集成多个模型可能会增加模型整体的复杂度，但通过分析各个单一模型对预测结果的贡献度，可以提供关于模型全局决策过程的额外信息，从而增加模型的可解释性。一些研究表明，集成学习模型在建

---

[1] 神经网络中以最小化误差优化权重的方法，通过计算误差对每个权重的梯度并反向传播这些梯度来更新权重。

筑类资产评估中表现出良好的性能，尤其是在减少误差方面，相比单一模型有显著提升[46]。在一定程度上，建筑资产交易市场的复杂性和动态性要求资产评估能够在考虑复杂、多元环境条件的前提下提供最佳预测结果，这就非常需要参考集成学习方法的应用思路。

上述技术进步为建筑资产评估方法的创新带来了契机。而评估方法的创新总是以深入剖析现有资产评估价值体系为前提，还需全面考虑建筑及基础设施的整体价值取向。新的评估过程的核心是通过分析对象的特性来量化其价值。这种方法与传统的规则导向评估有所不同，它要求在数据分析中寻找独特的需求特征数据。在最新的研究中，建筑资产评估所需信息可以进一步细分为环境、社会经济、建筑功能、管理流程、技术及场地需求等方面，因此须对作为评估对象的建筑资产的层次结构进行系统梳理（表5-2）。可以看出，这些信息类别不仅包含了传统建筑评估所需的基本类别信息，也考虑到了需通过 BIM 流程获取的可持续性评估信息。

表 5-2　可能影响建筑资产评估的因素

信息类型	子类型	影响因素
环境场地因素	当地环境	气候变化，对当地环境和居住地的风险与影响，交通设施噪声，建筑设备噪声，水污染、土地污染、电磁污染
	可持续土地资源	土壤特性，场地布局、尺寸、地形，绿化面积
	交通	公共交通情况，停车情况
社会经济因素	商业可行性	施工造价，运营成本支付，租户数量
	品牌价值	著名设计师，设计质量
管理流程因素	招标的可持续性	生态建筑材料，文档管理
	设计与规划	公共可达性，布局质量，无障碍通道，外部空间的可用性，电梯布局，门厅宽度，楼层高度
	施工过程	施工期间的质量控制（气密性、热成像监控、隔音性）
	建筑信息	结构、房龄、大小，施工类型，主要材料，绿色屋顶/绿色立面，建筑设备和电器，设施维护管理信息

续表

信息类型	子类型	影响因素
技术能源因素	建造技术	防噪技术，建筑围护结构保温与隔热性能，建筑服务和维护工作的便利性
	可再生能源效率	能源/资源回收和再利用的便捷性，空调系统的供热通风效率，雨水利用，排放控制
居住空间因素	功能空间健全程度	公共健身设备情况，阳台与存储空间等，无障碍通道，外部空间的可达性，电梯布局，门厅宽度，楼层高度
	居住舒适度	降噪水平，自然光充足程度，低排放材料
	安全应急逃生	明确设置逃生路线，防盗保护、防火保护，卫生设施和电子固定装置（如监控系统）的质量，结构安全，建筑构件的耐久性

因此，建筑资产评估方法的创新需要 BIM 应用体系赋能，这也对数据传输和信息交换提出了更高更精细的要求，需要对 BIM 数据实体中的关键属性（例如评估一个建筑元素是否具备防火性能和安全级别等属性）进行有效获取，以确保获取高质量的数据用于评估。

5.4　基于 BIM 和 AI 算法的建筑资产评估方法与过程

5.4.1　基于集成学习的 AI 算法设置

本节以近年笔者参与的 BIM 研究为例，介绍如何使用遗传算法作为学习器策略并搭建梯度提升回归模型，使其可服务于建筑资产评估——房价预测。本节所介绍的模型使用遗传算法创建了一系列基学习器及其相关的组合序列，并使用适应度函数来限制基学习器的数量。这里的"适应度函数"用于评估和选择哪些基学习器应该被纳入最终的模型中，以及它们应该以何种顺序组合。通过这种方式可以有效地限制所使用的基学习器的数量，避免模型过于复杂。

5.4.1.1　基学习器初始化

房价预测模型的关键是学习器的构建，它利用单个基学习器学习输入特征向量与预测输出（即房价）之间的映射关系。这个映射关系用数学术语表示为函数 $f(x)$。然而，一个单独的基学习器往往不能提供足够的泛化能力，因此采用集成学习方法，通过组合多个基学习器 $f_m(x_i)$，来构建更为精确的分析模型 $f_m(x)$。

在基学习器的选择方面，可选的常见模型包括线性模型、平滑模型[1]和决策树等。线性模型在处理简单线性关系时效果显著，而平滑模型采用平均、指数或局部回归的方式，适用于解决数据中的非线性问题。在最新的研究中，多样的决策树作为基学习器，在处理混合类型数据（如连续型数据与类别型数据的混合）方面表现优异，具有更好的解释性。决策树通过分裂节点的方式逐步学习数据的特征，每个分裂代表着一种决策规则，这使得模型的决策过程相对容易理解。通过应用规模大小相似的决策树，可以使得预测模型保持整体一致性，也便于后续的调优和分析。本书第 2 章曾介绍了一种强集成学习模型——梯度提升回归模型，它在决策树支持下可以有效捕捉数据中的复杂模式关系，从而在资产评估的场景中获得更好的准确度。另外，还可以选择 Huber 损失函数[2]与模型进行协作，协作原理用数学表达式表示如下：

$$f_m(x) = \sum_{m=1}^{M} f_m(x_i) \qquad (5-1)$$

$$L(y, f(x)) = \begin{cases} \dfrac{1}{2}\left[y - f(x)\right]^2, & |y - f(x)| \leq \delta, \\ \delta\left(|y - f(x)| - \dfrac{\delta}{2}\right), & |y - f(x)| > \delta \end{cases} \qquad (5-2)$$

5.4.1.2　问题编码和初始种群形成

遗传算法通过模拟自然选择和遗传学原理，将问题的解决方案编码为一系列

---

[1] Smoothing Models，在机器学习中泛指一类通过平滑处理数据来减少噪声并揭示数据中趋势的方法，包含移动平均、指数平滑等。

[2] 当预测误差的绝对值小于或等于阈值 δ 时，Huber 损失函数等同于平方损失函数，其取值为误差的平方乘以 1/2。当预测误差的绝对值大于 δ 时，Huber 损失函数取值为误差的绝对值减去 δ 的一半，然后乘以 δ。

"染色体"。根据问题的性质，这些"染色体"可以采用不同的编码方式，如二进制、十进制、十六进制等，这意味着每个解决方案（个体）在遗传算法中被表示为一串数字。

为了在不牺牲准确性的情况下提高基学习器的多样性，一般采用特征法，即当训练数据集拥有大量输入特征时，通过调整输入特征产生更多样化的解决方案，来提高模型的性能。在建筑类项目资产评估的场景案例中，可以输入的特征包括房屋面积、供暖方式等，一般情况下，如果输入特征不是数值型，而是分类型或者布尔型，则需要转化成数值（如布尔型特征"是"与"否"要转换成"1"和"0"）；其次，为了确保多个特征能在同一规模上被比较和处理，需要对特征尤其是连续性特征进行标准化处理，例如：用二进制表达特征值时，首先需对特征值进行离散化处理，如将住房面积划分成不同的取值区间，为每个区间赋予二进制编码。

在使用上述方法完成问题编码后，遗传算法的开始需要生成一个初始种群。这个种群由一系列随机生成的"染色体"组成，每个"染色体"代表了问题的一个潜在解决方案。在模型中，每个"染色体"代表数据集的一个特定特征组合，由所有输入特征的二进制编码串联而成。

5.4.1.3　模型训练：遗传搜索中的适应度函数选择与突变

"搜索"是遗传算法中的一个核心概念，指的是算法在若干潜在解决方案组成的、包含所有可能解的空间中寻找最优或近似最优解的过程。在这一过程中，算法通过模拟自然选择和遗传机制，即不断地选择、交叉和突变这些"染色体"并评价其适应度来进行最优解的搜索。在搜索中，适应度函数是算法中最关键的部分之一，它为每个"染色体"提供一个评分，这个评分反映了该"染色体"在特定任务上的表现。遗传算法通过适应度评分来决定哪些"染色体"会被保留并用于产生下一代。高适应度的"染色体"有更高的概率被选中，低适应度的"染色体"则可能被淘汰。

在面向建筑资产评估的研究中，可以使用回归精度测量中的决定系数 R^2 作为遗传算法的适应度函数。它表示由机器学习模型中的某个独立变量产生的方差在总体变异中所占的比例，可用于解释模型适应训练数据的程度以及模型的泛化程度。决定系数适应度函数定义如下：

$$R^2(y, \hat{y}) = 1 - \frac{SS_{res}}{SS_{tot}} \quad (5\text{-}3)$$

式中，SS_{res}是残差平方和，它衡量的是模型预测值与实际观察值之间差异的大小。如果SS_{res}较小，意味着模型的预测值与实际观察值非常接近，模型拟合得较好。SS_{tot}为总平方和，它代表了数据围绕其平均值的总体变异性。这个指标提供了一个比较基准，用来衡量SS_{res}的相对大小。

在选择父、母"染色体"的具体方法方面，通常使用轮盘选择方法[1]，该方法中"染色体"被选中的概率与其适应度成正比。具有更高适应度的"染色体"在轮盘上占据更大的区域，因此被选中的概率也更高。在父母"染色体"被选中后，接下来执行"染色体"特征交叉的步骤，即在两个"染色体"中选定两个点作为交叉点，进行交叉时，"染色体1"中两个交叉点之间的部分与"染色体2"中的相应部分进行交换（表5-3），这个过程类似于生物遗传中的基因重组，从而生成新的"后代"。之后的操作是突变，即通过随机选择"染色体"上的一个位点，并改变这个位点的值。这个过程增加了"染色体"的多样性，有助于防止算法过早地收敛于局部最优解。另一方面，高突变率虽然能够强化产生新"后代"的能力，但也可能破坏种群的结构稳定性，影响算法的整体性能，因此在建筑资产评估的场景中，一般将突变率设定在0.005到0.01之间，以有效地平衡搜索的多样性和种群的稳定性。

表5-3　遗传算法中的"染色体"交叉过程示意

"染色体"1	11011|00100|110110
"染色体"2	10101|11000|011110
"后代"1	11011|11000|110110
"后代"2	10101|00100|011110

总的来说，遗传算法通过适应度函数来选择预测效果较好的"染色体"作为

---

[1] 为每个个体分配一个与其适应度成比例的选择概率区间，在随机选择过程中，适应度高的个体被选中的机会更大，从而模拟自然选择过程中"适者生存"的原则。

"父母",结合轮盘选择、交叉和适当比率的突变策略,可以有效地生成多样化的优质解决方案,提升模型对复杂数据集的预测性能。

5.4.2　IFC 数据模式在建筑资产评估中的应用

如上文所述,建筑资产评估需考虑多种变量。随着可持续性特征在资产评估中的重要性越发凸显,越来越多的建筑性能变量需要被纳入评估模型中,这就需要将能够包含多种建筑性能属性的 BIM 标准应用体系引入资产评估。在此前提下,评估涉及的变量来自 IFC 模式中包含的多种建筑对象,如 IfcBuilding、IfcSlab、IfcWall、IfcStair 等元素及其属性集如 Pset_BuildingCommon、Pset_WallCommon 等。具体而言,Pset_EnvironmentalImpactValues 中的水消耗、可再生能源消耗和气候变化参数,以及 Pset_EnvironmentalImpactIndicators 包含的热效率、光照利用率和声学性能参数,可用于评估建筑的环境可持续性;Pset_ColumnCommon 中的结构强度、耐火性能和耐候性等属性,可以用来评估建筑的结构安全性和耐久性等;隔音评级、防火等级和热传导性能等(即 AcousticRating、FireRating 和 ThermalTransmittance)可以加入 Pset_WallCommon 属性集中,用于评估建筑功能质量;还可以为建筑对象添加低排放材料属性,用以评估室内空气质量。上述属性集也可以被赋予 IFC 的其他元素实体。

此外,为了实现可涵盖多场景的资产评估,可以选择性地对 IFC 模式进行扩展,增加新的实体。因此,面向建筑资产评估的建筑系统的 IFC 数据模式应不仅包括 IfcProduct 模式中的基本建筑对象,还应纳入各种外部环境元素和可持续性特征等。图 5-7 展示了在资产评估场景下可以考虑加入 IFC 扩展中的部分新实体,以及它们的继承关系(会随着 IFC 标准的更新而有所改变)。

综上所述,基于 BIM 的建筑项目资产评估如果仅考虑工程算量相关的价值信息,则无法称为全面的资产评估,考虑方案设计的环境友好性以及居住者健康等方面是极其必要的。所以一项前瞻性的提议是在 BIM 中为每个建筑物对象添加用于资产评估的属性集。每个属性的信息类型应根据特定的数据模板进行分类和组织,以确保数据的准确性和可用性。通过这种方式,可以使建筑设计和建造过程更加注重环境和健康等多元因素。这种整合要求建筑设计师、工程师和 BIM 专家紧密合作,以确保新属性集与现有的 BIM 标准和工作流程兼容,从而实现有效的集成和应用。

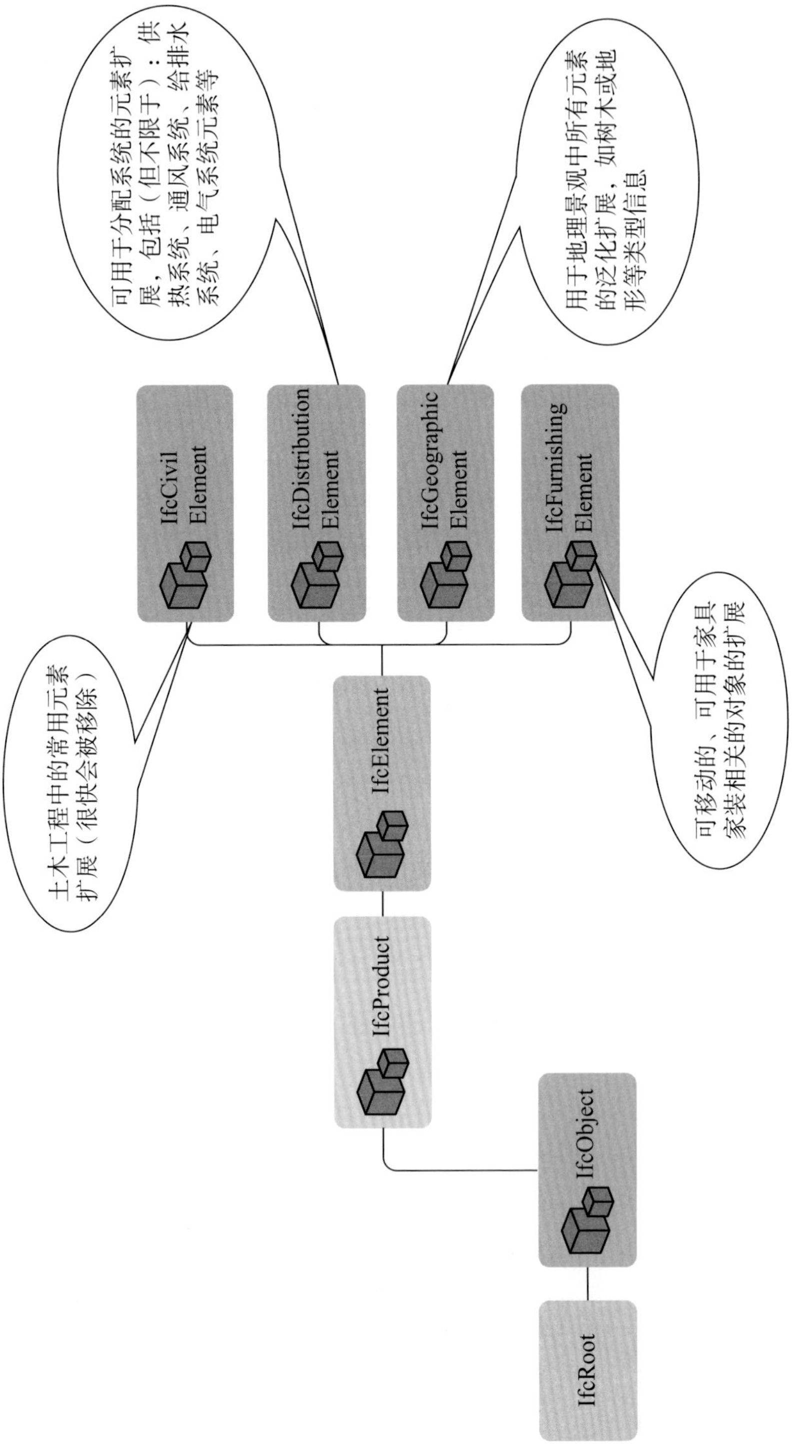

图 5-7 可用于资产评估的 IFC 实体扩展

5.5 案例：BIM 与 AI 算法在资产评估中应用

5.5.1 获取评估数据

近期，一些利用 BIM 数据和 AI 算法进行建筑类资产评估的研究借鉴或应用了一些公开的房地产市场的数据，这些被分类整理过的数据集也可以从开源代码平台 GitHub 网站上针对机器学习的数据集中获取[103]。下文将介绍笔者在英国卡迪夫大学 BIM 研究团队进行的评估实验案例，该案例使用了过去十几年间北美不同城市房地产交易的开源数据，包含了房产交易中考虑的重要属性信息如总面积、居住面积、建造年份、资产类型、有无特定功能空间等特征。这些数据有助于研究者在精确理解房产交易的复杂性的基础上，确定预测模型要应用的属性特征值类型（连续型、类别型和二进制型）；连续型属性特征包括总面积、特定空间面积等可以量化的数字值；对于一些是非问题，如是否有独立游泳池、中央供暖设备等，则使用布尔型二进制变量来表示；类别型属性特征则用多种分类表示。为了更全面地展示数据集的多样性，可以进行描述性统计分析。这些统计数据在服务于数据模型的同时，还可以进一步揭示房地产市场的一些特点。

本案例参考英国卡迪夫大学 BIM 研究团队苏腾翔博士的研究成果[46]，将 BIM-IFC 数据提取算法应用于资产评估领域，在构建提取算法的过程中，强调识别与目标信息密切相关的建筑资产对象实体和属性。这不仅涉及与 IFC 的匹配过程，还包括对 IFC 的扩展等内容，即增加原本 IFC 标准中未涵盖的、但对资产评估至关重要的信息实体（这也呼应了本书第 3 章内容）。接下来，案例采用所开发的信息提取算法，自动从基于 IFC 数据标准的 BIM 模型实例中抽取评估所需的特征值。这一整体技术应用策略旨在优化并简化基于 BIM 的资产评估过程，通过精确而高效的数据处理，为后续步骤中 AI 算法与 openBIM 应用的结合打下基础（图 5-8）。

值得注意的是，不同类型的信息在不同评估需求中的有效性也不同。例如，传统资产评估所需的信息通常关注建筑的基本特性和条件；绿色评估则侧重于环境影响和可持续性，以及其他一些信息类别，它们既适用于传统评估，也适用于新场景评估。在确定了与评估场景相关的所有信息需求内容，并完成必要信息的收集后，需要对现有的 IFC 数据架构进行分析，这涉及 IFC 数据实体的对齐，以及制定针对

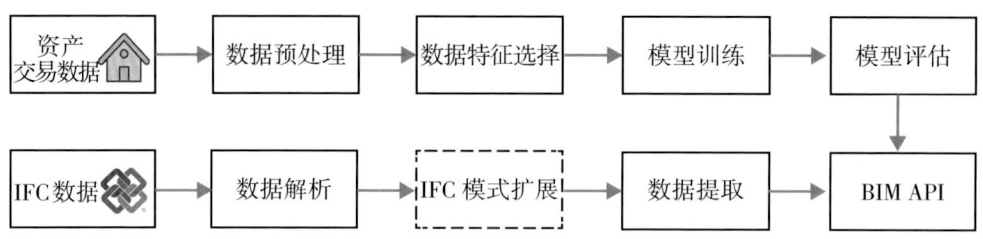

图 5-8　IFC 数据获取与 AI 算法结合框架

评估场景的特殊需求，对原本 IFC 中没有的信息实体或属性集等进行扩展，从而将评估涉及的新概念融入底层的数据模式。需要开发者注意的是，本书第 3 章所介绍的 IFC 标准扩展流程虽然能够在一定程度上为面向资产评估场景的 IFC 数据扩展提供思路，但更多地是站在标准体系建设的视角。而从场景应用的角度来讲，所扩展的数据实体可能并不需要在第一时间成为领域的标准，只需要面向已有的操作环境实现应用即可，这样可以更快捷地分析现有 IFC 模式中能够支持资产评估的建筑实体和属性集。

本案例使用的 IFC 提取算法所识别和处理的资产评估关键信息元素，包括 GUID、对象的特定名称和类型，以及相关属性集的名称和值等。本书前几章已经介绍了如何运用 IFC 实例模型中的对象与属性之间的关系实体，即 IfcRelDefinesByProperties 和 IfcRelDefinesByType 等，来实现 IFC 数据的检索。由于资产评估后续需要用到集成学习模型，这需要回到 Python 的环境中，在 IfcOpenShell 工具包的帮助下进行算法的实现。

在 IFC 模型条件下，首先通过递归遍历模型中的 IfcRelDefinesByProperties 和 IfcRelDefinesByType 的实例，以全面检查模型中的关键实体，确保所提取数据的完整性。通过这种深入遍历，算法能够识别出所有相关的建筑对象及其属性和类型。接着，用算法提取每个建筑对象 IfcObject、属性集 IfcPropertySet 及类型对象 IfcTypeObject 的唯一标识符（ID）。这些 ID 是数据提取过程中的关键，因为它们连接不同的信息元素，是实现后续的数据检索的先决条件。随后，算法根据这些 ID 检索并定位具体的实例，再进一步提取出与每个所需对象相关的属性集及其内部属性的 ID，并根据这些 ID 来检索对应的属性实例。最后，算法从通过这些步骤提取的实例中获取对象的名称、类型、属性名称和属性的标称值，这些都是理解建筑对象特征的关键信息（图 5-9）。提取完成后，为了确保数据的准确性和唯一性，还需要进行去除重复数据的操作。

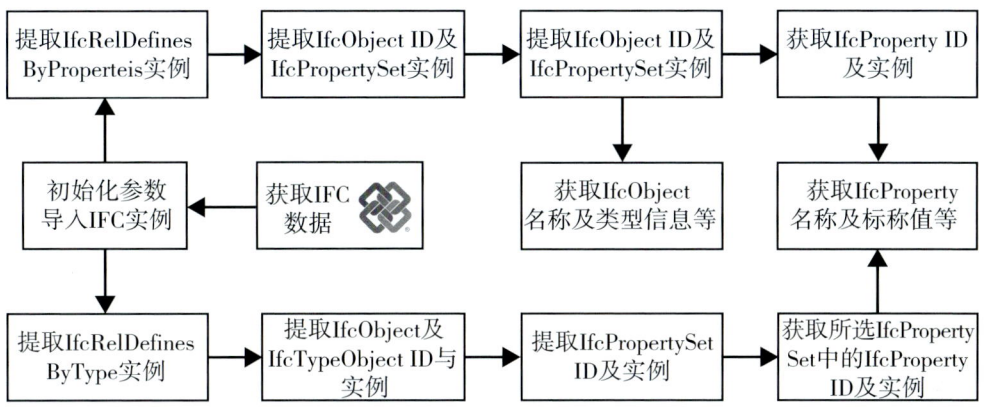

图 5-9　用于建筑资产评估的 IFC 数据提取算法思路

5.5.2　模型训练

在实际操作中，可以进一步使用基于 Python 的集成开发环境如 PyCharm❶，以及如 scikit-learn❷ 等工具包来实现基于集成学习的 AI 算法模型的应用。首先，需要对实验数据集进行细致的分组处理，每组包含了若干套房屋的交易数据以及属性（表 5-3）。接下来，为了使所构建的梯度提升回归模型达到最优性能，需要通过编程对模型的一系列参数进行调整和优化，包括估计量的数量、学习率、决策最大深度、叶节点最小样本数和损失函数等。本案例如同大部分的机器学习算法一样，在数据准备阶段，将数据集分为训练集和测试集，其中训练集用于模型的学习和调整，测试集则用于评估模型的性能。由于本案例是面向资产评估场景的预测模型，还需要进行模型的特征重要性分析，以识别出对预测目标影响最大的输入特征，从而提高模型的预测准确性和解释能力。

---

❶ 一款强大的 Python 集成开发环境，包含智能代码编辑器、代码完成、错误检测与修复、快速项目导航、项目管理等工具和功能，以及支持 Web 开发和数据科学的工具。
❷ 开源的 Python 库，用于机器学习，建立在 NumPy、SciPy 和 Matplotlib 库之上，用于数据挖掘和分析。

表 5-3　相关研究中所用资产数据集及属性类型说明[46]

数据类型	资产数据属性类型	数值单位或数值表示
连续型	总面积	m²
	居住面积	m²
	卧室	个数（nr）
	建造时间	房龄（年）
	楼层	楼层数值
	小卫生间	个数（nr）
	车库面积	m²
	车棚区域	m²
布尔型	有无壁炉	1/0
	有无全套卫生间	1/0
	有无游泳池	1/0
	有无车库	1/0
	是否为中央暖通系统	1/0
其他数值型	资产所在城市	城市名称

　　整理好相关的 IFC 数据及开源资产数据后，通过 IFC 数据解析工具包 IfcOpenShell 和 Python 库（如 Pandas）对数据进行载入。随后，按照遗传算法的步骤将模型参数编码，并生成一组随机的初始解作为初始种群。通过选择、交叉（配对）和突变步骤，不断地生成新一代的解决方案，并使用适应度函数来评估每一代解决方案的性能。之后，在梯度提升回归模型的应用上，可以直接采用 scikit-learn 库中提供的梯度提升回归器，这使得设置模型参数、进行训练和预测变得简单。通过遗传算法的反复迭代和对模型性能的持续评估，逐步优化模型参数，直至达到最大迭代次数或模型性能不再显著提升为止，最终确定一组最优的模型参数，它们所对应的梯度提升回归模型具有最佳的预测能力。

　　通过将经上述训练的预测模型与传统模型进行对比发现，从决定系数 R^2 和均方误差 MSE❶ 来看，在迭代中采用遗传算法的梯度提升回归模型，在预测准确度方

---

❶ 均方误差是计算风险与平方损失期望值的一个标准指标。

面表现优于传统的梯度回归模型。这表明在应用场景中，采用遗传算法的梯度提升回归模型能够有效地处理复杂的房地产数据预测问题。

5.5.3 资产评估

在完成模型训练后，接下来就是根据前面提到的 IFC 数据提取方法，将 BIM 数据与机器学习方法结合，实现资产评估的预测分析。

首先，遵循 openBIM 方法的数据交换核心原则，将评估对象的模型按照 IFC 标准和扩展内容导出为 IFC 格式。这个导出后的模型涵盖资产信息评估中的相关数据实例，如墙、门、楼板、窗户、屋顶、楼梯以及家具等，这些元素的属性中包括其基本信息以及与评估相关的其他特征信息，如防火等级等。这些信息可以通过 IfcLabel 实体进行存储和表示，也可以使用类似于 IfcPositiveRatioMeasure 的特定实体来表示，从而能够相对自由地涵盖更多的评估项信息。同理，与评估相关联的空间信息（起居空间、露台、厨房、卧室空间等）也可用于评估室内空间对整体资产价值的影响，可以使用对应的 IFC 建筑元素实体或 IfcSpace 空间实体来存储和表示。

接下来，在 Python 环境下进行 BIM-IFC 数据的提取，最后与资产评估数据库进行融合应用，采用机器学习模型进行综合分析预测（图 5-10、图 5-11），根据资

```python
import ifcopenshell
filename = 'house trial.ifc'
model = ifcopenshell.open(filename)
# 定义函数来获取特定的属性集
def get_property_set(element, property_set_name):
    """ 从元素中提取指定的属性集。"""
    for definition in element.IsDefinedBy:
        if definition.is_a('IfcRelDefinesByProperties'):
            property_set = definition.RelatingPropertyDefinition
            if property_set.is_a('IfcPropertySet') and property_set.Name == property_set_name:
                return {prop.Name: getattr(prop, 'NominalValue.wrappedValue', None) for prop in property_set.HasProperties}
    return {}
# 提取建筑元素的属性及其环境影响属性集及其他评估相关属性
elements = model.by_type('IfcBuildingElement')
data = []
for element in elements:
    # 基本属性
    attributes = {
        'ElementID': element.GlobalId,
        'ElementType': element.is_a(),
        'Material': getattr(element, 'Material', None),
        'Volume': getattr(element, 'Volume', None),
        'Area': getattr(element, 'Area', None)
    }
    env_impact_values = get_property_set(element, 'Pset_EnvironmentalImpactValues')
    attributes.update(env_impact_values)  # 合并基本属性和相关属性
    data.append(attributes)
```

图 5-10 将 IFC 数据纳入评估

```python
import numpy as np
import pandas as pd
from sklearn.model_selection import train_test_split
from sklearn.ensemble import GradientBoostingRegressor
from sklearn.metrics import r2_score, mean_squared_error
from deap import base, creator, tools, algorithms
import random

# 划分数据集
X_train, X_test, y_train, y_test = train_test_split(X, y, test_size=0.2, random_state=45)
# 遗传算法设置
creator.create("FitnessMax", base.Fitness, weights=(1.0,))
creator.create("Individual", list, fitness=creator.FitnessMax)
toolbox = base.Toolbox()
toolbox.register("attr_bool", random.randint, 0, 1)  # 特征选择
toolbox.register("attr_float", random.uniform, 0.01, 0.2)  # 学习率
toolbox.register("attr_int", random.randint, 1, 10)  # 最大深度
toolbox.register("attr_int_trees", random.randint, 50, 300)  # 树的数量
toolbox.register("individual", tools.initCycle, creator.Individual,
                 (toolbox.attr_bool, toolbox.attr_bool, toolbox.attr_bool, toolbox.attr_bool, toolbox.attr_bool,
                  toolbox.attr_bool, toolbox.attr_bool, toolbox.attr_bool, toolbox.attr_bool, toolbox.attr_bool,
                  toolbox.attr_float, toolbox.attr_int, toolbox.attr_int_trees), n=1)
toolbox.register("population", tools.initRepeat, list, toolbox.individual)
def evalModel(individual):
    # 特征选择
    selected_features = [i for i in range(10) if individual[i] == 1]
    if not selected_features:
        return -1,  # 避免没有选择任何特征的情况
    X_train_selected = X_train[:, selected_features]
    X_test_selected = X_test[:, selected_features]
    # 提取模型参数
    learning_rate = individual[-3]
    max_depth = individual[-2]
    n_estimators = individual[-1]
    model = GradientBoostingRegressor(learning_rate=learning_rate, max_depth=max_depth, n_estimators=n_estimators)
    model.fit(X_train_selected, y_train)
    predictions = model.predict(X_test_selected)
    return r2_score(y_test, predictions),
toolbox.register("evaluate", evalModel)
toolbox.register("mate", tools.cxTwoPoint)
toolbox.register("mutate", tools.mutFlipBit, indpb=0.05)
toolbox.register("select", tools.selTournament, tournsize=3)
# 遗传算法执行
population = toolbox.population(n=50)
ngen = 40
cxpb, mutpb = 0.5, 0.2
result = algorithms.eaSimple(population, toolbox, cxpb, mutpb, ngen, verbose=True)
best_ind = tools.selBest(population, 1)[0]

# 训练模型
selected_features = [i for i in range(10) if best_ind[i] == 1]
X_train_final = X_train[:, selected_features]
X_test_final = X_test[:, selected_features]
best_model = GradientBoostingRegressor(learning_rate=best_ind[-3], max_depth=best_ind[-2], n_estimators=best_ind[-1])
best_model.fit(X_train_final, y_train)
final_predictions = best_model.predict(X_test_final)
# 模型性能评估
final_r2 = r2_score(y_test, final_predictions)
final_mse = mean_squared_error(y_test, final_predictions)
print(f"Final R2 Score: {final_r2}")
print(f"Final MSE: {final_mse}")
```

图 5-11　使用获取的 IFC 数据集执行基于遗传算法的梯度提升回归预测

产评估预测模型的训练数据和 IFC 数据估算出目标资产的价值，并且计算出平均绝对误差以及平均绝对百分比误差等来衡量预测的准确性。通过这样的深度分析，可以更准确地理解和预测建筑资产方案设计与其价值之间的复杂关系，为每一个建筑项目提供宝贵的参考和指导。

综上，本案例采用的预测方法的思路为：建筑资产评估的主要目标是准确预测建筑类资产（房产）的价值，在传统评估方法下，这通常依赖于大量的输入特征变量。为了更高效、更精确地实现价值预测，可应用集成学习方法，通过组合多个简单的算法模型来学习和模拟资产价值与这些特征之间复杂的非线性关系，并持续生成新模型来纠正前一轮预测的误差，不断优化预测的准确性。然而，这些算法模型（如梯度提升回归模型）的性能在很大程度上取决于其参数配置。手动调整这些参数以寻找最佳组合不仅耗时而且效率低下，尤其是在面对庞大的参数空间时。遗传算法通过模拟生物进化过程中的选择、交叉（配对）和突变来迭代寻找问题的最佳解，它通过随机生成一组初始的参数配置，然后将这些配置应用到预测模型上，并评估其在给定数据集上的性能，来确定每个配置的"适应度"，表现较好的配置被选中用于生成下一代，重复这一过程，直到达到预设的迭代次数，从而发现能够使集成学习模型达到最优性能的参数配置。一旦遗传算法确定了最优的模型参数配置，梯度提升回归模型即可使用这些参数进行训练，通过组合多个算法模型来进行预测，纠正前一步骤留下的预测误差，自动调整各个特征的权重，以提升预测的准确性。

本章探讨了如何融合 AI 算法模型和 BIM 数据并将其用于数据预测，从而完善和革新传统的资产评估方法，使评估能够更有效地考虑建筑生命周期的重点因素，并支持长期规划中的决策。

在资产价值评估的过程中，透彻分析资产所处市场的交易特性和影响因素是不可或缺的重要内容。这些分析不仅要贴切地反映建筑资产的独特性质，还需考虑其市场位置和地理环境对价值的基本影响。当前，面向建筑市场的相关研究表现出若干关键趋势，如将环境可持续性等绩效因素纳入房产估值、应用对数模型解读价格变动，以及利用 AI 模型进行资产评估等。其中，对环境因素以及可持续性绩效的考虑在资产评估中占据了重要地位，相关从业人员比以前更关注建筑可持续性在履行社会责任、提高经济收益和降低资产潜在风险方面的作用。诸如优化能源效率、提升资产用户的健康与舒适性，以及在绿色建筑全生命周期内降低运营成本等环境和社会效益，正在逐渐被业界纳入新构建的建筑资产评估体系的考量因素。在这一过程中，标准化的 BIM 数据和 openBIM 方法将成为有效的底层支持。

本章的方法部分论述了如何对建筑类项目属性与评估相关的信息进行需求分析，并揭示了 AI 辅助下的智能化评估将替代传统的评估模式，尤其是在大规模资产估值中，结合创新算法的机器学习成熟框架可通过充分组合弱学习器，提升预测准确性。机器学习算法能优化从 BIM 中获取的输入属性信息的选择和顺序，有效处理非线性回归问题，再与 IFC 数据模式和集成学习方法相结合，可进一步提升预测模型的可解释性。这种基于标准化开放数据即 openBIM 体系和 AI 算法的融合方法，能够辅助 AEC 专业人员做出更有价值的方案决策，除了在资产价值评估领域应用，还可应用于建筑能耗预测等领域。近期，GPT 等更先进学习模型的出现在机器学习领域进一步引起重大变革，尤其是在提升模型的训练效果和整体性能方面。这些模型的引入能够帮助一般用户去了解机器学习的知识和应用场景，同时凭借其出色的特征提取和编码解码能力，使基学习器能够处理更复杂、更精细的数据，增强模型的性能。

BIM 通过对建筑全生命周期的信息化，统一表达工程实体，支持评估信息互联互通。在数字化转型的浪潮下，建筑行业正在追求更高水平的数字化应用，从而满足不断增长的数据量和持续涌现的潜在场景需求。在整合的 BIM 国际标准序列 ISO 19650 中，明确了建筑资产管理应用流程。这一系列标准提出了一种结构化的方法来确保在项目的整个生命周期中都能有效管理和利用信息。它通过明确资产信息需求和建立资产信息模型（Asset Information Model，AIM）❶，指导企业在项目规划、设计、实施和维护阶段有效管理资产信息。这要

---

❶ 在 ISO 19650 中指面向资产交付和管理的综合数据模型，包含用于管理和分析组织的物理资产信息。

求在管理中，从项目方案初期就定义相对清晰的信息交换需求，以确保所有参与方都明白所需评估信息的类型和质量。在项目实施过程中，通过不断更新资产信息模型，可以有效追踪方案进展，及时调整策略，从而提高决策的效率和准确性。在方案成型进行交付时，该系列标准提出为资产交付和最终评估建立结构化的信息管理方案，确保在项目交付后所有相关资产信息都是完整且易于访问的。所以，从这个角度来看，BIM 标准体系在资产评估应用领域仍然具有巨大潜力，如何灵活地结合 AI 算法与 BIM 数据和信息交换方法是关键的研究内容之一。

6

openBIM 与 AI 融合的未来与挑战

建筑工业 4.0 概念的提出，意味着建筑行业的智能化已成为必然趋势，自动化、高度集成的协同工作环境在其中具有重要的作用，提高建筑数据应用和信息管理的效率、安全性和透明度将有助于从整体上提高生产力。建筑信息管理一直以来所面临的复杂性、不确定性和信息孤岛等问题，可以随着 BIM 体系的不断完善以及 AI 技术的不断革新逐渐得到解决，刺激更多的多元技术融合的场景需求出现。openBIM 体系结合 AI 技术可以促进信息共享和协作，真正实现工业信息体系和决策的标准化、智能化。

本书探讨并展示了基于 BIM 的数据模式扩展、自动化信息交换、数据提取方法与 AI 算法的结合，以及链接数据方法与本体知识模型的融合等内容。在以上内容中，openBIM 作为一个方法体系，涵盖了开放的数据模式、信息交换需求的捕捉、面向知识模型语言的转化等方面，不仅提供了一种标准化、开放式的数据交换方法，而且可以通过与人工智能技术的结合，大大提升 AEC 行业信息处理的效率和智能化水平。

在上述背景下，openBIM 与 AI 的协同应用成为建筑行业数字化转型中的关键组成部分。首先，从建筑工业标准落实的角度看，两者的协作具有非常积极的意义。openBIM 本身就强调了数据的一致性和互操作性，旨在使不同 BIM 软件和系统能够无缝交流和协作；AI 可以用于数据清理、分类和计算，构建基于标准的智能知识库，使得计算机从数据本体层面理解 BIM 数据和场景需求，提高数据的可重用性，促进知识的积累和传承。其次，openBIM 结合 AI 为建筑工程乃至智慧城市、智慧交通等领域都带来了智能决策支持。AI 可以分析大量的 BIM 标准化数据，实现自动化设计、分析和优化，从而减轻建模和数据库应用的工作负担，缩短设计周期并提高方案效率和质量。最后，BIM 与本体的结合可以强化项目知识管理水平，这实现了 BIM 从"只能提供碰撞检测"到真正成为建筑行业的数据管理和决策支持系统的跨越。

6.1 结合 openBIM 与 AI 技术实现智能决策

结合 openBIM 和 AI 在建筑方案中实现智能化评估，对于提高决策效率和降低项目风险具有重要意义。传统上，建筑方案评估主要依赖人工方法，这种方式效率低下，容易出现失误。结合 openBIM 和 AI，可以实现智能化评估，加速决策过程。BIM 数据作为建筑工业的决策驱动力之一，可以为公共部门、开发商以及设计、施工和运维单位提供多维度、多目标的协同支持。然而，我国在 BIM 行业标准和建筑多维度决策方面还处于起步阶段，大型公共建筑项目的数据协同效率较低。但随着大数据和数据质量的提升，相关设计指南、规范和标准的出现，为智能评估提供了基础。国际上目前针对智能决策评估的研究重点在于结合 BIM 数据和其他数据源，利用各种软件系统进行阶段性评估。这些研究拓展了 BIM 在建筑和基础设施领域的决策影响力，但涉及底层数据模式的研究仍相对不足。

在方案智能决策方面，则主要存在场景[1]数据模式缺失、缺乏对评估领域知识和规则的智能化表达，以及关联数据方法效率低下，无法有效与建筑系统和方案结合等问题。因此，需要定义计算机可理解的元数据，建立智能应用框架。然而，大型建筑类资产的评估决策，尤其是面向公共建筑或交通基础设施类建设项目的评估，在当前阶段存在着数据存储混乱和非结构化问题，这导致计算机无法立即识别数据之间的联系。在解决问题的过程中，需要使计算机能够更好地理解用户共享的领域知识和规则，而建立这样的环境并不是一件容易的事情。首先，依赖计算机解析半结构化数据（如 HTML 内容）将导致较大的工作量损失；其次，过分依赖 AI 方法还原数据结构关系也会浪费大量计算资源。这时，基于本体的语义网技术从优化计算机对数据的"理解"的角度，就成为了可能的解决路径之一。

随着信息化和 AI 技术飞速发展，数据无疑已成为工业决策过程中的动力，大数据和 AI 正在初步影响建筑类评估与决策，自动化、智能评估将进一步受到各方关注。目前，建筑评估领域仍然面临数据收集、交换方法等多方面挑战。随着数据收集技术的创新发展，无人机、物联网等设备开始被用于信息收集和集成，从而形成从多元渠道汇集而成的建筑信息系统，这对建成资产全生命周期的评估尤为重要。在当前的实践中，评估过程往往由于缺乏相关的信息而无法实现自动化和智能化，这一现象的另外一个原因是评估人员和提供数据的专业人员所掌握的知识之间存在差异。在数据驱动背景下，评估执行者可以将建筑底层数据模式与多源数据融

---

[1] 此处"场景"指各种具体类型的建筑工程。

合到计算机可读的知识模型中，通过 AI 算法进一步优化数据的计算和分类，通过自动化信息交换实现智能化、自动化评估。在最新发布的一系列 ChatGPT 内容中，可以进一步融入语义网技术，将评估规则更高效地转化为逻辑处理语言，以提高模型的性能。

6.2　融合的挑战及应对策略

　　我国在数字经济发展和新型城镇建设方面制定了重要战略，其中加速推进 BIM 等数字化技术的研发和应用集成成为重要目标。同时，《质量强国建设纲要》和《"十四五"建筑业发展规划》强调了要夯实标准化和数字化基础，还提出了对建筑"前策划、后评估"和大数据辅助监管决策机制的探索。利用 BIM 数据和信息能够构建有据可依的知识网络，支持智能建筑和城市数字孪生建设，并为方案决策提供智能支持。然而，近年来 BIM 虽然在多个领域迅速普及，但在应用于大数据挖掘和分析方面仍然面临一些挑战，例如大型公共建筑信息的复杂性和异质性，导致评估场景信息交换需求不明晰，计算机无法直接理解，信息交换效率低下，数据、信息和知识无法有效匹配（图 6-1）。因此，为满足国家发展战略需求，提升 BIM 数据在方案决策领域的扩展性将成为未来研究重点之一。

　　在数据标准方面，openBIM 体系的实施落地仍存在一些有待逾越的难关，这主要是因为底层数据模式和交换模板（如产品数据模板）在应用中尚未形成广泛的共识。在创建 BIM 模型时，用户通常需要自定义新属性，在缺乏统一标准模板的情况下，这可能导致后续模拟和分析中的数据不准确，从而影响项目的整体质量。在面向标准化的 BIM 软件工具层面，建筑师和结构设计师仍然需要在有限的时间、空间和资源条件下，将设计信息准确地映射到数据模式上。此外，当前的多种 BIM 软件虽然为方案设计和交付提供了强大的功能，但在处理高度复杂的模型时，不同软件之间的接口和协作方法的差异，可能会导致互操作性较差的问题。如果对数据模型的分类掌握程度不足，当需要切换到新的软件时，设计师们可能需要投入更多的时间进行学习，这会影响设计的质量。随着 openBIM 的推广和相关的插件和支持扩展被不断开发出来，这个问题正在逐步得到解决。

　　在信息交换层面，IFC 作为建筑和基础设施建设领域信息交换的基础数据模

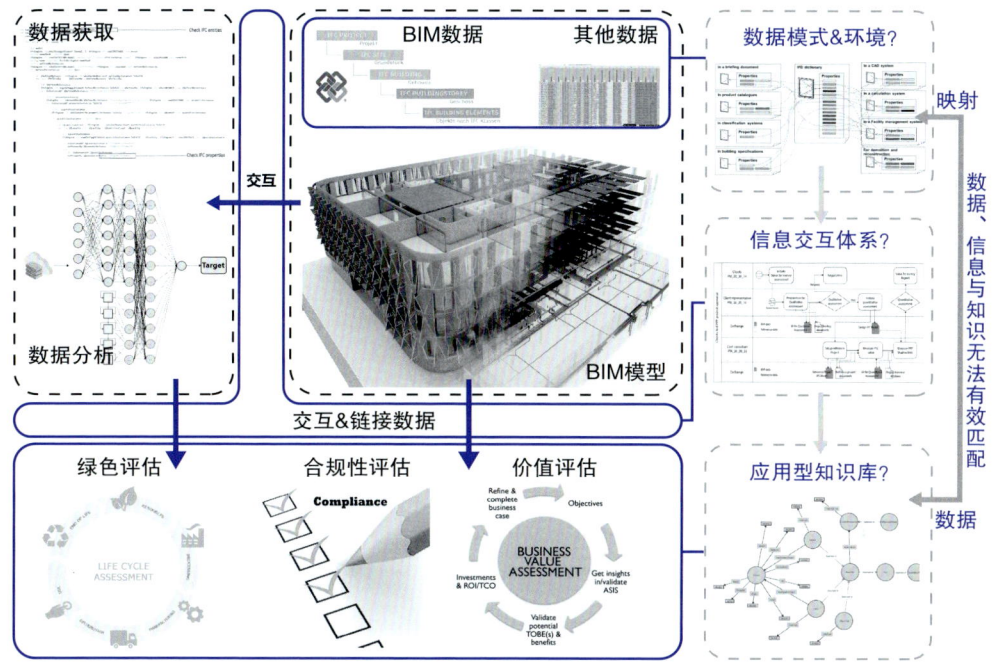

图 6-1 当前 BIM 用于方案评估决策面临的主要问题

式，有望在智慧建筑、智慧交通、智慧城市等领域进一步发挥它的数据价值。未来，设计方、项目管理方和软件开发方等需要灵活地掌握数据交换方法。在数据获取中，应当设法减少数据的冗余，保留关键信息。在这一过程中，采用 openBIM 标准化思路的一个关键优势是，用户可以根据需求选择使用数据的子集或特定元素来进行方案分析，而无需处理整个复杂的 BIM 模型。本书第 3 章介绍过基于特定语言环境库的 IFC 数据模式提取方法，该方法具有灵活性，能够轻松地与其他数据库和编程环境融合，对于那些需要从大型和复杂的 BIM 模型中提取关键信息以进行进一步分析和决策的用户和开发方来说极具参考价值。虽然采用此方法创建信息交换模型可以支持方案和采购决策，但是其当前的发展在以下几个方面仍然面临挑战：

① IFC 模式必须跟随大量的项目实践同步发展。随着 IFC 标准的不断迭代更新，如最新的 IFC 4.3 以及面向未来的 IFC 5 等新版本中除了涵盖一般民用、商用建筑类型外，还将加入基础设施建设等多个新领域。随着新标准的推行，自动化信息交换场景也需要随着 IFC 的持续完善才能实现，在实践中也需要向已有的标准提

供反馈，来验证当前 IFC 版本在全球范围内不同领域的有效性。

②当前，项目外部的其他数据模式与 IFC 关联程度不够，为解决这一问题，需要将其他智能方法与 BIM 系统进行融合发展。在这种情况下，IFC 不仅可以存储和传递项目的物理数据，也可以承载一些非物理信息，以支持更全面的评估和测量工作。

③虽然信息交换需求可以使用基于本体网络语言的机器可读方式进行开发和传递，但此方法仍然存在局限性，在实际操作中，BIM 模型的创建方式会影响自动数据交换方法的应用，自动化的数据交换的实现仍需依靠 BIM 数据环境的进一步规范化。

在大数据分析与建筑评估结合的层面，考虑到建筑的多方面特征对其资产价值的潜在影响，一些研究和实践借鉴了美国 LEED、BREEAM 等国际认可的绿色评估体系进行参考。但当前建筑市场上关于可持续性的有效数据仍然较少，这些数据的标准化程度也较低，加上场景评估资源受限、评估专业人员的评估知识和技能尚待提高等问题，在实际的资产评估中充分考虑多元因素的案例比较少。在对资产价格变动的解读方面，尽管一些考虑成本因素的定价模型已相对成熟并在资产评估中被广泛使用，但在处理宏观经济、环境影响方面仍然存在局限性。在当前技术水平下，已有的一系列模型尚不足以准确捕捉外在因素变化对建筑类资产价值的影响。

目前，AEC 行业正在以更积极的态度向数字化应用方向转变。这种转变将为有效资产交付和运营过程中产生的大量信息提供更有利的平台，释放出更多基于知识进行决策的潜力。全球范围内 AEC 项目信息管理标准化的持续进步，为将信息转化为机器可"理解"的结构、促进跨学科知识协同应用提供了基础。通过本书第 4 章的相关论述，不难看出这一过程与当前基于 AI 的图数据处理发展高度相关。未来的 BIM 数据架构将更加注重优化图数据结构，以实现更好的跨领域知识集成以及与原始建筑工程数据的互动，并确保新扩展的知识与现有领域本体的一致性，从而减少人工干预和错误，提供更高效、更精确的数据分析和决策支持工具。当然，构建这样一个框架仍然需要大量投资和领域专家的知识，以优化数据集、链接所有相关数据。

总的来说，openBIM 和 AI 的融合对建筑方案的智能化设计、传递和评估等具有重要意义，可支持多维、多目标的协同决策，并为高水平的智慧城市应用奠定底层的方法论和数据基础。BIM 技术作为开启建筑行业智能化转型的钥匙，有望在未来带来更多创新和变革。通过本书的探讨，笔者深信 openBIM 与 AI 的结合将为建筑行业带来更加高效、智能和可持续的未来。

参考文献

[1] EASTMAN C M, FISHER D, LAFUE G, et al. An Outline of the Building Description System[R/OL]. (1974-09-01)[2025-01-20]. https://files.eric.ed.gov/fulltext/ED113833.pdf.

[2] RUFFLE S. Architectural design exposed: from computer-aided drawing to computer-aided design[J/OL]. Environment and Planning B: Planning and Design, 1986, 13(4): 385-389. http://epb.sagepub.com/lookup/doi/10.1068/b130385.

[3] EASTMAN C M, TEICHOLZ P, SACKS R, et al. BIM Handbook: A Guide to Building Information Modeling for Owners, Managers, Designers, Engineers and Contractors [M/OL]. New York: Wiley, 2011. https://books.google.co.uk/books?id=-GjrBgAAQBAJ.

[4] ISO/TC 59/SC 13. Organization and digitization of information about buildings and civil engineering works, including building information modelling (BIM) — Information management using building information modelling — Part 1: Concepts and principles [S/OL]. 2018. https://www.iso.org/standard/68078.html.

[5] REN G, LI H. BIM Based Value for Money Assessment in Public-Private Partnership [C/OL]//CAMARINHA-MATOS L M, AFSARMANESH H, FORNASIERO R, eds. Collaboration in a Data-Rich World: 18th IFIP WG 5.5 Working Conference on Virtual Enterprises PRO-VE 2017, Vicenza, Italy, September 18-20, 2017, Proceedings. Cham: Springer International Publishing, 2017: 51-62. https://link.springer.com/chapter/10.1007/978-3-319-65151-4_5.

[6] LUCKY R W. Silicon Dreams: Information, Man, and Machine[M]. New York: St. Martins Press, 1989.

[7] ELIOT T S. Choruses from " The Rock "[A]. 1934.

[8] UK BIM Framework. Information management according to BS EN ISO 19650 —

Guidance Part 2: Processes for Project Delivery[S]. UK BIM Alliance, 2020: 42.

[9] ABUALDENIEN J, PFUHL S, BRAUN A. Development of an MVD for checking fire-safety and pedestrian simulation requirements[C]//Proc. of the 31th Forum Bauinformatik, 2019.

[10] LEE G, PARK Y H, HAM S. Extended Process to Product Modeling (xPPM) for integrated and seamless IDM and MVD development[J/OL]. Advanced Engineering Informatics, 2013, 27(4): 636−651. http://dx.doi.org/10.1016/j.aei.2013.08.004.

[11] RAMAJI I J, MEMARI A M. Interpretation of structural analytical models from the coordination view in building information models[J/OL]. Automation in Construction, 2018(90): 117−133. https://www.sciencedirect.com/science/article/pii/S0926580518 301286.

[12] buildingSMART International. Information Delivery Specification IDS - buildingSMART Technical[EB/OL]. [2024−10−12]. https://technical.buildingsmart.org/projects/information-delivery-specification-ids/

[13] KHUDHAIR A, LI H, REN G. Knowledge-based OpenBIM data exchange for building design[J/OL]. Automation in Construction, 2023(156): 105144. https://doi.org/10.1016/j.autcon.2023.105144.

[14] ISO/TC 184/SC 4. Industrial automation systems and integration — Product data representation and exchange — Part 1: Overview and fundamental principles[S/OL]. 2021. https://www.iso.org/standard/72237.html.

[15] buildingSMART International. BIM Collaboration Format (BCF)[EB/OL]. [2023−04−30]. https://technical.buildingsmart.org/standards/bcf/.

[16] CHO D W, KIM I, SEO J, et al. A Study on Usage of IFD of Open BIM-Based Library [J]. Korean Journal of Computational Design and Engineering, 2011(16): 137−145.

[17] ISO/TC 184/SC 4. ISO 23387:2020 Building information modelling (BIM) — Data templates for construction objects used in the life cycle of built assets — Concepts and principles[S/OL]. 2020. https://www.iso.org/standard/72237.html.

[18] gbXML. gbXML — An industry supported standard for storing and sharing building properties between 3D Architectural and Engineering Analysis Software[EB/OL].

[2023-05-18]. https://www.gbxml.org/.

[19] BLUT C, BLUT T, BLANKENBACH J. CityGML goes mobile: application of large 3D CityGML models on smartphones[J/OL]. International Journal of Digital Earth, 2019, 12(1): 25-42. https://www.tandfonline.com/doi/full/10.1080/17538947.2017.1404150.

[20] The British Standards Institution. BS 1192-4 : 2014 Collaborative production of information Part 4 : Fulfilling employer's information exchange requirements using COBie - Code of practice[S/OL]. BSI Standards Publication, 2014: 58. http://shop.bsigroup.com/forms/BS-1192-4/.

[21] LEE Y C, EASTMAN C M, SOLIHIN W. An ontology-based approach for developing data exchange requirements and model views of building information modeling[J]. Advanced Engineering Informatics, 2016, 30(3): 354-367.

[22] ABDELMOHSEN S, LEE J, EASTMAN C. Automated Cost Analysis of Concept Design BIM Models[C]//LECLERCQ P, HEYLIGHEN A, MARTIN G, eds.CAAD Futures 2011: Designing Together, 2011: 403-418.

[23] PAUWELS P, VAN DEURSEN D, VERSTRAETEN R, et al. A semantic rule checking environment for building performance checking[J]. Automation in Construction, 2011, 20(5): 506-518.

[24] GOUDA MOHAMED A, ABDALLAH M R, MARZOUK M. BIM and semantic web-based maintenance information for existing buildings[J]. Automation in Construction, 2020(116): 103209.

[25] SIMEONE D, CURSI S, ACIERNO M. BIM semantic-enrichment for built heritage representation[J]. Automation in Construction, 2019(97): 122-137.

[26] DING L Y, ZHONG B T, WU S, et al. Construction risk knowledge management in BIM using ontology and semantic web technology[J]. Safety Science, 2016(87): 202-213.

[27] REN G, LI H, LIU S, et al. Aligning BIM and ontology for information retrieve and reasoning in value for money assessment[J]. Automation in Construction, 2021(124): 103565.

[28] JIANG L, SHI J, WANG C. Multi-ontology fusion and rule development to facilitate automated code compliance checking using BIM and rule-based reasoning[J]. Advanced Engineering Informatics, 2022(51): 101449.

[29] LIU H, CHENG J C P, GAN V J L, et al. A knowledge model-based BIM framework for automatic code-compliant quantity take-off[J]. Automation in Construction, 2022(133): 104024.

[30] ABANDA F H, OTI A H, TAH J H M. Integrating BIM and new rules of measurement for embodied energy and CO_2 assessment[J/OL]. Journal of Building Engineering, 2017(12): 288−305. https://linkinghub.elsevier.com/retrieve/pii/S2352710216302571.

[31] ZHANG L, ISSA R R A. Ontology-Based Partial Building Information Model Extraction[J]. Journal of Computing in Civil Engineering, 2012, 27(6): 576−584. https://doi.org/10.1061/(ASCE)CP.1943−5487.0000277

[32] GUI N, WANG C, QIU Z, et al. IFC-Based Partial Data Model Retrieval for Distributed Collaborative Design[J]. Journal of Computing in Civil Engineering, 2019, 33(3): 1−10. https://doi.org/10.1061/(ASCE)CP.1943−5487.0000829

[33] STEEL J, DROGEMULLER R, TOTH B. Model interoperability in building information modelling[J]. Software & Systems Modeling, 2012(11): 99−109. https://doi.org/10.1007/s10270−010−0178−4

[34] EUBIM Task Group. Handbook for the introduction of Building Information Modelling by the European Public Sector[R/OL]. EU BIM Task Group, 2016: 84. http://www.eubim.eu/downloads/EU_BIM_Task_Group_Handbook_FINAL.

[35] National Institute of Building Sciences. The Future of the National BIM Standard – United States [EB/OL]. [2023−04−30]. https://www.nibs.org/blog/future-national-bim-standard-united-states.

[36] LEE G, BORRMANN A. BIM policy and management[J/OL]. Construction Management and Economics, 2020, 38(5): 413−419. https://doi.org/10.1080/01446193.2020.1726979.

[37] THEIßEN S, HÖPER J, DRZYMALLA J, et al. Using Open BIM and IFC to Enable a Comprehensive Consideration of Building Services within a Whole-Building LCA[J/OL]. Sustainability, 2020, 12(14): 5644. https://www.mdpi.com/2071−1050/

12/14/5644.

[38] AFSARI K, EASTMAN C M, SHELDEN D R. Cloud-based BIM data transmission: Current status and challenges[C]//33rd International Symposium on Automation and Robotics in Construction and Mining (ISARC 2016), 2016 ISARC: 1073-1080. DOI:10.22260/ISARC2016/0129

[39] QIN L, DENG X Y, LIU X L. Industry foundation classes based integration of architectural design and structural analysis[J]. Journal of Shanghai Jiaotong University (Science), 2011(16): 83-90.

[40] WANG X, YANG H, ZHANG Q L. Research of the IFC-based Transformation Methods of Geometry Information for Structural Elements[J]. Journal of Intelligent and Robotic Systems: Theory and Applications, 2015(79): 465-473. https://doi.org/10.1007/s10846-014-0111-0

[41] HU Z, ZHANG X, WANG H, et al. Improving interoperability between architectural and structural design models: An industry foundation classes-based approach with web-based tools[J]. Automation in Construction, 2016(66): 29-42.

[42] RAMAJI I J, MEMARI A M. Interpreted Information Exchange: Systematic Approach for BIM to Engineering Analysis Information Transformations[J]. Journal of Computing in Civil Engineering, 2016, 30(6). https://doi.org/10.1061/(ASCE)CP.1943-5487.0000591

[43] WON J, LEE G, CHO C. No-Schema Algorithm for Extracting a Partial Model from an IFC Instance Model[J]. Journal of Computing in Civil Engineering, 2013, 27(6): 585-592. https://doi.org/10.1061/(ASCE)CP.1943-5487.0000320

[44] ZHOU Z H. Ensemble Learning[A/OL]. 1-5. https://cs.nju.edu.cn/zhouzh/zhouzh.files/publication/springerEBR09.pdf.

[45] GRACZYK M, LASOTA T, TRAWIŃSKI B, et al. Comparison of Bagging, Boosting and Stacking Ensembles Applied to Real Estate Appraisal[C]//NGUYEN N T, LE M T, ŚWIĄTEK J, eds. Intelligent Information and Database Systems ACIIDS 2010. Lecture Notes in Computer Science, vol. 5991. Berlin, Heidelberg: Springer Berlin Heidelberg, 2010: 340-350. https://doi.org/10.1007/978-3-642-12101-2_35

[46] SU T, LI H, AN Y. A BIM and machine learning integration framework for automated property valuation[J]. Journal of Building Engineering, 2021(44): 102636. https://doi.org/10.1016/j.jobe.2021.102636

[47] PAUWELS P, ZHANG S, LEE Y C. Semantic web technologies in AEC industry: A literature overview[J]. Automation in Construction, 2017(73): 145-165.

[48] MIGNARD C, NICOLLE C. Merging BIM and GIS using ontologies application to Urban facility management in ACTIVe3D[J]. Computers in Industry, 2014, 65(9): 1276-1290.

[49] WETZEL E M, THABET W Y. The use of a BIM-based framework to support safe facility management processes[J/OL]. Automation in Construction, 2015(60): 12-24. http://dx.doi.org/10.1016/j.autcon.2015.09.004.

[50] HOU S. An ontology-based holistic approach for multi-objective sustainable structural design[D/OL]. Cardiff: Cardiff University, 2015. https://orca.cardiff.ac.uk/id/eprint/91138/

[51] ZHANG S, BOUKAMP F, TEIZER J. Ontology-based semantic modeling of construction safety knowledge: Towards automated safety planning for job hazard analysis (JHA)[J/OL]. Automation in Construction, 2015(52): 29-41. http://dx.doi.org/10.1016/j.autcon.2015.02.005.

[52] TOMAŠEVIĆ N M, BATIĆ M, BLANES L M, et al. Ontology-based facility data model for energy management[J]. Advanced Engineering Informatics, 2015, 29(4): 971-984.

[53] TSERNG H P, YIN S Y L, DZENG R J, et al. A study of ontology-based risk management framework of construction projects through project life cycle[J/OL]. Automation in Construction, 2009, 18(7): 994-1008. http://dx.doi.org/10.1016/j.autcon.2009.05.005.

[54] GAO X, PISHDAD-BOZORGI P. BIM-enabled facilities operation and maintenance: A review[J/OL]. Advanced Engineering Informatics, 2019(39): 227-247. https://linkinghub.elsevier.com/retrieve/pii/S1474034618303987.

[55] LEE S K, KIM K R, YU J H. BIM and ontology-based approach for building cost estimation[J]. Automation in Construction, 2014(41): 96-105.

[56] CHEUNG F K T, RIHAN J, TAH J, et al. Early stage multi-level cost estimation for

schematic BIM models[J]. Automation in Construction, 2012(27): 67–77.

[57] REN G, LI H, ZHANG J. A BIM-Based Value for Money Assessment in Public-Private Partnership: An Overall Review[J/OL]. Applied Sciences, 2020, 10(18): 6483. https://www.mdpi.com/2076-3417/10/18/6483.

[58] REN G. Knowledge management in PPP decision making concerning value for money [D/OL]. Cardiff: Cardiff University, 2019. https://orca.cardiff.ac.uk/id/eprint/130978/.

[59] FRAGA A L, VEGETTI M, LEONE H P. Ontology-based solutions for interoperability among product lifecycle management systems: A systematic literature review[J/OL]. Journal of Industrial Information Integration, 2020(20): 100176. https://www.sciencedirect.com/science/article/pii/S2452414X20300510.

[60] FARGHALY K, SOMAN R K, ZHOU S A. The evolution of ontology in AEC: A two-decade synthesis, application domains, and future directions[J/OL]. Journal of Industrial Information Integration, 2023(36): 100519. https://linkinghub.elsevier.com/retrieve/pii/S2452414X23000924.

[61] IFC Infrastructure | Research Initiative[EB/OL]. [2021–05–26]. http://ifcinfra.com/.

[62] POLENGHI A, RODA I, MACCHI M, et al. Knowledge reuse for ontology modelling in Maintenance and Industrial Asset Management[J/OL]. Journal of Industrial Information Integration, 2022(27): 100298. https://www.sciencedirect.com/science/article/pii/S2452414X21000947.

[63] ISO/TC 59/SC 13. Building information modelling - Information delivery manual - Part 1: Methodology and format[S/OL]. 2010: 34. http://www.iso.org/iso/catalogue_detail.htm?csnumber=45501.

[64] Construction Industry Council. Building Information Modeling (BIM) protocol[S/OL]. 2nd edition. 2018: 1–15. https://www.cic.org.uk/uploads/files/old/bim-protocol-2nd-edition-2.pdf.

[65] World Bank. Public-Private Partnerships Reference Guide[M]. Bretton Woods: World Bank Publications, 2014.

[66] BALL R, HEAFEY M, KING D. The Private Finance Initiative in the UK[J/OL]. Public Management Review, 2007, 9(2): 289–310. http://www.tandfonline.com/doi/abs/

10.1080/14719030701340507. DOI:10.1080/14719030701340507.

[67] REN G, LI H, DING R, et al. Developing an information exchange scheme concerning value for money assessment in Public-Private Partnerships[J/OL]. Journal of Building Engineering, 2019(25): 100828. https://linkinghub.elsevier.com/retrieve/pii/S2352710 219305698. DOI:10.1016/j.jobe.2019.100828.

[68] GRILO A, JARDIM-GONCALVES R. Challenging electronic procurement in the AEC sector: A BIM-based integrated perspective[J/OL]. Automation in Construction, 2011, 20(2): 107–114. http://dx.doi.org/10.1016/j.autcon.2010.09.008. DOI:10.1016/j.autcon.2010.09.008.

[69] ABDIRAD H. Advancing in Building Information Modeling (BIM) Contracting: Trends in the AEC/FM Industry[C/OL]//AEI 2015. Reston, VA: American Society of Civil Engineers, 2015: 1–12. http://ascelibrary.org/doi/10.1061/9780784479070.001. DOI:10.1061/9780784479070.001.

[70] RAMANAYAKA C D D, VENKATACHALAM S. Reflection on BIM Development Practices at the Pre-maturity[J/OL]. Procedia Engineering, 2015(123): 462–470. http://dx.doi.org/10.1016/j.proeng.2015.10.092. DOI:10.1016/j.proeng.2015.10.092.

[71] ZHANG X Y, HU Z Z, WANG H W, et al. An Industry Foundation Classes (IFC) Web-Based Approach and Platform for Bi-Drectional Conversion of Structural Analysis Models[C/OL]//Computing in Civil and Building Engineering (2014), 2014. https://api.semanticscholar.org/CorpusID:54910597.

[72] MA Z, WEI Z, ZHANG X. Semi-automatic and specification-compliant cost estimation for tendering of building projects based on IFC data of design model[J/OL]. Automation in Construction, 2013(30): 126–135. http://dx.doi.org/10.1016/j.autcon.2012.11.020. DOI:10.1016/j.autcon.2012.11.020.

[73] KEHILY D, MCAULEY B, HORE A. Leveraging Whole Life Cycle Costs When Utilising Building Information Modelling Technologies:[J/OL]. International Journal of 3-D Information Modeling (IJ3DIM), 2012, 1(4): 40–49. http://services.igi-global.com/resolvedoi/resolve.aspx?doi=10.4018/ij3dim.2012100105. DOI:10.4018/ij3dim.2012100105.

[74] VENUGOPAL M, EASTMAN C M, TEIZER J. An ontology-based analysis of the industry foundation class schema for building information model exchanges[J/OL]. Advanced Engineering Informatics, 2015, 29(4): 940−957. DOI:10.1016/j.aei.2015.09.006.

[75] BHATIJA V P, THOMAS N, DAWOOD N. A Preliminary Approach towards Integrating Knowledge Management with Building Information Modeling (KBIM) for the Construction Industry[J/OL]. International Journal of Innovation, Management and Technology, 2017, 8(1): 64−70. DOI:10.18178/ijimt.2017.8.1.704.

[76] REN G, DING R, LI H. Building an ontological knowledgebase for bridge maintenance [J/OL]. Advances in Engineering Software, 2019(130): 24−40. https://linkinghub.elsevier.com/retrieve/pii/S0965997818307634. DOI:10.1016/j.advengsoft.2019.02.001.

[77] LIU H, LU M, AL-HUSSEIN M. Ontology-based semantic approach for construction-oriented quantity take-off from BIM models in the light-frame building industry[J/OL]. Advanced Engineering Informatics, 2016, 30(2): 190−207. DOI:10.1016/j.aei.2016.03.001.

[78] ABANDA F H, KAMSU-FOGUEM B, TAH J H M. BIM — New Rules of Measurement ontology for construction cost estimation[J/OL]. Engineering Science and Technology, an International Journal, 2017, 20(2): 443−459. DOI:10.1016/j.jestch.2017.01.007.

[79] NIKNAM M, KARSHENAS S. A shared ontology approach to semantic representation of BIM data[J/OL]. Automation in Construction, 2017(80): 22−36. DOI:10.1016/j.autcon.2017.03.013.

[80] MCGLINN K, YUCE B, WICAKSONO H et al. Usability evaluation of a web-based tool for supporting holistic building energy management[J/OL]. Automation in Construction, 2017(84): 154−165. https://linkinghub.elsevier.com/retrieve/pii/S0926580516303545. DOI:10.1016/j.autcon.2017.08.033.

[81] BOJE C, LI H. Crowd simulation-based knowledge mining supporting building evacuation design[J/OL]. Advanced Engineering Informatics, 2018(37): 103−118. https://linkinghub.elsevier.com/retrieve/pii/S1474034617305803. DOI:10.1016/

j.aei.2018.05.002.

[82] LIU Y. Consistency checking based on ontology of design information[J/OL]. Applied Mechanics and Materials, 2013(438-439): 1992-1997. DOI:10.4028/www.scientific.net/AMM.438-439.1992.

[83] ZHONG B, GAN C, LUO H et al. Ontology-based framework for building environmental monitoring and compliance checking under BIM environment[J/OL]. Building and Environment, 2018(141): 127-142. DOI:10.1016/j.buildenv.2018.05.046.

[84] JOHANNESSON P, PERJONS E. An introduction to design science[M/OL]. 2014. DOI: 10.1007/978-3-319-10632-8.

[85] BAIN R. Public sector comparators for UK PFI roads: inside the black box[J/OL]. Transportation, 2010, 37(3): 447-471. http://link.springer.com/10.1007/s11116-010-9261-5. DOI:10.1007/s11116-010-9261-5.

[86] KEHILY D, WOODS T, MCDONEEL F. Linking Effective Whole Life Cycle Cost Data to Parametric Building Information Models Using BIM Technologies Requirements to Parametric Building Information Models Using BIM Technologies[J]. International Journal of 3-D Information Modeling, 2013, 2(4): 1-11.

[87] ISO/TC 59/SC 13. ISO 29481-1:2010 Building information modelling — Information delivery manual[S/OL]. 2010: 34. https://www.iso.org/standard/45501.html.

[88] ABANDA F H, TAH J H M, KEIVANI R. Trends in built environment Semantic Web applications: Where are we today?[J/OL]. Expert Systems with Applications, 2013, 40(14): 5563-5577. http://dx.doi.org/10.1016/j.eswa.2013.04.027. DOI:10.1016/j.eswa.2013.04.027.

[89] NOY N F, MCGUINNESS D L. Ontology Development 101: A Guide to Creating Your First Ontology[J/OL]. Stanford Knowledge Systems Laboratory, 2001: 25. DOI:10.1016/j.artmed.2004.01.014.

[90] Stanford University. A free, open-source ontology editor and framework for building intelligent systems[EB/OL]. 2013. https://protege.stanford.edu/.

[91] PAUWELS P, DEURSEN Van D. IFC-to-RDF : Adaptation , Aggregation and Enrichment [Z/OL]. http://multimedialab.elis.ugent.be/ldac2012/documents/2_IFC-to-RDF.pdf.

[92] BONDUEL M, ORASKARI J, PAUWELS P, et al. The IFC to linked building data converter - Current status[J]. CEUR Workshop Proceedings, 2018(2159): 34-43.

[93] RICS. RICS NRM: New Rules of Measurement[S/OL]. https://www.rics.org/profession-standards/rics-standards-and-guidance/sector-standards/construction-standards/nrm#tabs-6fc5409ee0-item-9689a74605-tab.

[94] SOLIHIN W, EASTMAN C. A Knowledge Representation Approach to Capturing BIM Based Rule Checking Requirements Using Conceptual Graph[C/OL]. CIB W78 Conference, 2015. https://itc.scix.net/pdfs/w78-2015-paper-071.pdf

[95] British Standard Institution (BSI). PAS 1192-3:2014 Specification for information management for the operational phase of assets using building information modelling [S/OL]. British Standards Institution. https://bugva.org/wp-content/uploads/2018/09/bsi_pas_1192-3_2014.pdf

[96] ISO/TC 59/SC 13. ISO 12006-2: 2015 Building construction — Organization of information about construction works Part 2: Framework for classification[S/OL]. 2nd edition. 2015. https://www.iso.org/standard/61753.html%0D.

[97] Council EDM. FIBO Primer[EB/OL]. https://edmcouncil.org/frameworks/industry-models/fibo/.

[98] buildingSMART International. BuildingSMART Technical[EB/OL]. 2021. https://technical.buildingsmart.org/

[99] CHEN P, CUI L, WAN C, et al. Implementation of IFC-based web server for collaborative building design between architects and structural engineers[J/OL]. Automation in Construction, 2005, 14(1): 115-128. DOI:10.1016/j.autcon.2004.08.013.

[100] IfcOpenShell. IfcOpenShell—The open source IFC toolkit and geometry engine[EB/OL]. https://ifcopenshell.org/.

[101] LIU X, DENG Z, WANG T. Real estate appraisal system based on GIS and BP neural network[J/OL]. Transactions of Nonferrous Metals Society of China, 2011, 21(S3): s626-s630. https://www.sciencedirect.com/science/article/pii/S1003632612616525. DOI:https://doi.org/10.1016/S1003-6326(12)61652-5.

[102] MANGANELLI B, DE MARE G, NESTICÒ A. Using Genetic Algorithms in the

Housing Market Analysis[C/OL]//GERVASI O, MURGANTE B, MISRA S, et al. eds. Computational Science and Its Applications — ICCSA 2015. Cham: Springer International Publishing, 2015. https://doi.org/10.1007/978-3-319-21470-2_3

[103] Machine Learning for Property Valuation[EB/OL]. 2019. https://github.com/chrischow/ml-for-property-valuation.

附录

附录 A 国内外 BIM 标准建设

A1 国外 BIM 标准建设情况概述

以美国、欧洲、亚洲和大洋洲地区为考察对象，这些国家或地区的 BIM 标准建设实践内容主要包括制定目标或承诺、设立委员会、开展各种 BIM 普及活动以及制定 BIM 标准。

美国是 BIM 技术应用水平最先进的国家之一，其与其他国家在采用 BIM 方面最大的不同可能在于不同层次的公共部门（从全国性组织到公立大学）都对 BIM 的实施做出了贡献。例如，早在 2003 年，美国总务管理局（General Service Administration，GSA）就意识到了 BIM 的潜力，并发起了国家 BIM 项目，发布了第一个国家 BIM 标准"NBIMS-US™"序列，带动和规范了全国的 BIM 应用。同年，GSA 要求在其公共项目中制定新一轮的 BIM 目标，同时推动应用底层数据模式 IFC。这是全球第一批由公共组织发表的开创性标准。此后，各种 BIM 指南系列相继出版，为整个行业在建筑和基础设施全生命周期中持续使用 BIM 提供指导。到目前为止，BIM 在美国的成功应用可能会为其他国家制定应用 BIM 的路径提供参考。

虽然在 2010 年前，欧洲整体的 BIM 应用率低于美国，但在近十几年来，大多数欧洲国家在 BIM 技术上都迎头赶上，少数国家已经成为该领域的领导者，以英国尤为突出。英国在 2011 年制定了一个雄心勃勃的目标，要求在 2016 年之前在所有政府建筑和基础设施项目中实施 BIM 第二阶段战略，并达到对应的 BIM 应用水平。在中央政府的影响下，英国建筑相关行业开始将传统的 2D 制图工作流转变为 3D 模型工作流，对 BIM 技术标准实现了从初步了解到深度融合和熟练应用的过渡。英国政府对 BIM 的重视和强有力承诺使英国成为 BIM 的世界领导者，尤其是在 BIM 标准制定和应用层面，并且为全球其他地区提供强有力的指引。

在亚太地区，在除新加坡外的大部分亚洲国家，对 BIM 的应用水平总体上落后于美国和英国。新加坡的 BIM 标准应用水平则在亚洲乃至全球都处于领先地位。1995 年，新加坡政府就要求：AEC 行业使用 IT 和 BIM 需要经过各级合规性审批，并发布了各种 BIM 电子提交和审查的指南，以突出不同行业领域（包括建筑、结构和机电等行业）的提交要求要点，所有的项目都应该按照指南中的要求创建并提交模型进行审批。目前，新加坡已经逐步实现了包含交通基建和水利等不同行业的 BIM 构建和审查标准的统一，并构建了统一的平台进行 BIM 模型和数据的审查，克服了多个部门协作的核心难点。澳大利亚近年来 BIM 的使用率也持续上升。2012 年，澳大利亚在国家建筑标准报告中提出了多个国家层面的 BIM 应用目标，并发布了多个国家级 BIM 标准。与政策相呼应，澳大利亚的各个行业协会都对 BIM 的使用做出了贡献。澳大利亚和新西兰还发布了相关的 Revit 标准，该标准是多国合作制定 BIM 标准的范例。

以上内容是通过对 BIM 标准体系的调查得来的，为了规范 BIM 的实施，世界各地制定的 BIM 标准有些是针对平台的，而有些是概念上的和通用的[A1]。国外代表性的 BIM 标准共同包含的内容涵盖了（且不限于）以下几个方面：

①项目执行计划（PEP）：PEP 与 BIM 执行计划（BEP）不同之处在于，PEP 是站在项目的层面，BEP 则是专注于制定涉及 BIM 的执行方案；

②建模标准：包含 BIM 模型构建的标准，考虑专业领域的信息分类、模型精度等；

③BIM 交付标准：考虑模型精度（Level of Details，LoD）❶ 或开发水平，规定如何结合交付需求进行 BIM 模型或数据的交付；

④模型组件展示和数据组织形式：在 BIM 模型中，不同的建筑构件建模序列可能会产生不同的数量结果。因此，需要一种通用的方法来创建 BIM 模型，以确保使用 BIM 软件分析结果的一致性。

此外，在全球范围内，许多公共或私有企业和组织已分别制定了 BIM 标准系列，这也从一定程度上通过区域的努力巩固了 BIM 体系，服务于城市数字化建设。

---

❶ 在 BIM 应用中用来表示建组元素的准确性和细节程度。

A1.1　欧盟 BIM 标准建设实践

欧洲国家 BIM 标准的建设对当今相关国际标准序列的发展起到了重要的作用。国际标准化组织（ISO）ISO/TC 59/SC 13 "建筑工程信息组织" 子委员会和欧洲标准化委员会（CEN）CEN/TC 442 "建筑信息模型技术" 委员会负责在全球和欧洲范围内开发和维护 BIM 领域的标准，并负责与众多不同机构的协同合作，确保上述过程的完整性和包容性。欧盟将 BIM 作为工程类资料核心交付方法，聚焦于建筑工程中的概念、数据模式和流程，强调其与信息与通信技术领域的相似性[A2]。

国际 BIM 标准化是一个复杂的过程，涉及许多组织，不仅包含了相关的 ISO 和 CEN 技术委员会之间的协作，还包含与其他国际组织如 buildingSMART International 的合作[A3]。欧洲标准化委员会通过了解欧洲市场内现有的活动和已建立的 ISO 标准和技术规范，将新的业务需求扩展到建筑和基础设施管理的新领域，从而开发新标准以支持欧盟可持续性标准应用。

欧盟各国也相应地规划了 BIM 发展路线，制定相关标准计划及指南来指导企业的 BIM 应用。德国已有约 70% 的建筑公司在不同层面上使用 BIM，主要是用于建筑方案设计。2015 年以来，预算超过 2500 万欧元的大型项目一直在持续使用 BIM。从 2016 年 4 月起，德国公共采购机构有权要求承包商应用 BIM，这一规定适用于交通、能源项目设计；但德国目前未有特定 BIM 标准合同条款[A4]。德国联邦交通和数字基础设施部（Federal Ministry of Transport and Digital Infrastructure）也支持中小企业使用 BIM，并通过试点项目寻找最佳 BIM 实践[A5]。2017 年起，德国规定超过 1 亿欧元的项目必须使用 BIM，并制定了全面的 BIM 实施指南，宣布所有联邦基础设施建设公共采购项目必须使用 BIM[A6]。法国尽管不强制使用 BIM，也尚未有统一 BIM 标准，但鼓励大型公共项目使用 BIM，35% 的开发商在房地产项目中使用 BIM，50%～60% 的建筑企业转向 BIM[A4]。政策方面，2017 年颁布的《法国 BIM 标准化路线图》和 2018 年底发布的 BIM 计划等都旨在鼓励建筑行业整合 BIM 技术[A7]。在东欧国家中，波兰已有超过 43% 的建筑公司使用 BIM，76% 的建筑从业人员接触过 BIM 方法体系，波兰也开始鼓励国家公共采购项目使用 BIM，并引入公共采购 BIM 使用法规等[A4]。

然而，与欧盟层面相比，欧洲各国家层面的 BIM 标准发展仍相对缓慢。即便是在德国、法国等建筑行业与市场较为发达、鼓励专业人士使用 BIM 的国家，BIM 的使用通常仍仅限于建筑师和设计师，且跨行业合作受到一定限制。尽管欧盟各国在人口规模、建筑行业生态和技术投资预算方面存在差异，但各国政府对 BIM 的态度和政策正逐渐趋于积极明朗，BIM 的应用广度及发展速度未来将快速提升。

A1.2　英国 BIM 标准建设实践

欧洲大部分的 BIM 标准无法在网上检索到，亦不是正式出版的英文标准。这些标准包括 BIM 建模方法和项目模型组件等要求，以促进 BIM 数据和模型的有效使用。在欧洲的代表性 BIM 应用标准中，英国 BIM 标准占据了很大比例。此外，英国建筑业标准委员会（AEC-UK）也发布了针对不同软件平台的 BIM 协议（BIM Protocol）❶。与美国相比，欧洲各国在早期没有面向应用单独发布 BIM 执行计划和模型精度的详细指导文件，目前也正在制定更多的 BIM 技术准则，用于有效地规范和指导行业。

2011 年 5 月，英国政府提出战略，要求所有中央政府部门将在 2016 年实施 BIM 第二阶段计划❷。为了实现这一目标，英国政府决定加强公共部门的 BIM 执行能力，并于 2011 年成立了 BIM 任务工作小组。BIM 任务工作小组是一个行业联盟，汇集了来自工程行业、政府、公共客户、专业机构和学术界的专业团队。BIM 任务工作小组有六个主要工作内容，旨在为政府截至 2016 年的 BIM 应用阶段性目标提供不同的支持[A8]。同时，BIM 任务工作小组还召开了一系列 BIM 的简报会议，并发布了 BIM 学习成果的初步框架，为 BIM 培训和 BIM 项目的发展提供早期支持，其中的一个工作内容针对民用基础设施的 COBie 方法的实施的可能性进行了总结。2013 年底，工作小组发布了一份报告，内容是关于 COBie 如何应对民用基础设施项目信息交换的要求，以征求公共部门的意见。同时，许多公共部门机构也在积极应用 BIM，为政府的 BIM 战略做准备。例如，英国建筑行业委员会（Construction Industry Council，CIC）起草了 CIC BIM 协议，以支持 BIM 第二阶段

---

❶ BIM Protocol 协议用于确保所有参与者在应用 BIM 时都能理解和遵循统一的标准和流程。
❷ 即 BIM Level 2，是英国在自上而下推行 BIM 的过程中，所规定的在建筑项目全生命周期中实施特定级别的建筑信息的要求，其核心内容也成为了当今 BIM 标准体系中的重点内容。

的工作[A9]。此外,英国标准协会(British Standards Institution,BSI)的 BSI B/555 委员会(服务于建筑设计、建模和数据交换)在举办各种 BIM 交流活动的同时发布了一些 BIM 应用指南,以支持政府 2016 年的目标。

此外,英国的许多建筑工程行业相关的非营利组织,如 BSI 和 AEC-UK(英国建筑业标准委员会),也发布了 BIM 标准。自 2007 年以来,BSI B/555 委员会已经发布了一些建筑行业内的数字定义和生命周期信息交换标准,例如,PAS 1192-2:2013 标准规定了在项目资产交付阶段支持 BIM 第二阶段的信息管理流程[A10],PAS 1192-3:2014 标准则侧重于建筑资产的运营阶段[A11]。此外,还引入了成熟度模型(即 B/555 路线图)来说明几种标准及其相互之间的关系[A12]。另外,英国建筑工程咨询委员会(BSI/CPIC)于 2010 年联合出版了《楼宇管理指引——BS 1192 标准框架及指引》,该指引亦包括模型成熟度[A13]。2009 年 AEC-UK 委员会发布了第一个版本的 BIM 标准[A14],2012 年发布了 BIM 协议的 2.0 版本[A15],并开始探索面向不同软件平台(包括 Autodesk Revit、Bentley AECOsim Building Designer 和 Graphisoft ArchiCAD 等同期的主流应用软件)的 BIM 协议。

A1.3 美国 BIM 标准建设实践

美国是使用 BIM 技术的先驱国家之一,目前仍然是 BIM 产品服务的最大生产国和消费国。为了有效实施 BIM,美国各级公共部门都发布了相应的 BIM 标准。截至 2015 年,美国共有数十项由公共部门制定的 BIM 标准可供公开使用(其中代表性的标准见表 A1),其中一部分标准来自政府机构如 GSA,一部分标准来自非营利组织。大多数标准包含了 BIM 执行计划、建模方法、组件样式和数据组织形式。同类型的标准之间最大的差异在于模型精度等方面的规定[A16]。早期的标准中大部分没有提供关于每个模型应该满足多少图形比例的详细信息。一些内容丰富的标准,如宾夕法尼亚州立大学(The Pennsylvania State University,PSU)和美国总承包商协会(Associated General Contractors of America,AGC)发布的 BIM 标准,则包含了所有以上类型的内容。所以,美国从国家层面、州层面、城市层面和公立大学层面上制定的 BIM 标准为全球的 BIM 标准发展提供了结构化的思路。

表 A1　美国部分 BIM 相关标准名称索引

发布年份	BIM 标准 / 指南名称
2007	[NIBS]NBIMS v1.0; [NIST]General Buildings Information Handover Guide; [GSA]BIM Guide Series 01 v0.6; [GSA]BIM Guide Series 02 v0.96; [AIA]Document E201™-2007, Digital Data Protocol Exhibit; [AIA]Document C106™-2007, Digital Data Licensing Agreement
2008	[AIA]Document E202-2008, BIM protocol exhibit; [AGC]The Contractor's Guide to BIM v1
2009	[Wisconsin]BIM Guidelines and Standards for Architects and Engineers; [PSU]BIM PEP Guide v0.1; [PSU]BIM PEP Guide v0.2; [PSU]BIM PEP Guide v1.0; [GSA]BIM Guide Series 03 v1.0; [GSA]BIM Guide Series 04 v1.0; [GSA]BIM Guide Series 05 v1.0
2010	[VA]The VA BIM Guide v1.0; [LACCD]LACCD BIMS v3; [PSU]BIM PEP Guide v2.0; [AGC]The Contractor's Guide to BIM v2
2011	[PSU]BIM PEP Guide v2.1; [UF]BIM Execution Plan v1.1; [University of Connecticut]CAD Standards Guideline; [GSA]BIM Guide Series 08 v1.0; [Ohio]State of Ohio BIM Protocol
2012	[NIBS]NBIMS v2.0 [NYC DDC]BIM Guidelines; [IU]BIM Guidelines and Standards for Architects Engineers and Constructors; [PSU]BIM Planning Guide for Facility Owners v1.0; [PSU]BIM Planning Guide for Facility Owners v1.01; [PSU]BIM Planning Guide for Facility Owners v1.02; [University at Albany]AECM BIM Guidelines 2012

续表

发布年份	BIM 标准 / 指南名称
2013	[NYC DOB] BIM Site Safety Submission Guidelines and Standards； [NYC SCA] BIM Guidelines and Standards for Architects and Engineers v1.1； [SPU/SDoT] CAD Manual SPU/SDoT Inter-Departmental CAD Standard； [Tennessee] BIM Requirements V1.0； [PSU] BIM Planning Guide for Facility Owners v2.0； [PSU] The Uses of BIM v0.9； [NYC DDC] Design Consultant Guide Appendix； [AIA] Document E203™-2013, BIM and Digital Data Exhibit； [AIA] Document G201™-2013, Project Digital Data Protocol Form； [AIA] Document G202™-2013, Project BIM Protocol Form； [AIA] Guide, Instructions and Commentary to the 2013 AIA Digital Practice Documents； [AGC, BIM Forum] Level of Development Specification v2013
2014	[AGC, BIM Forum] Level of Development Specification v2015（draft）
2015	[NIBS] NBIMS v3.0； [GSA] BIM Guide Series 06 v1.0； [GSA] BIM Guide Series 07 v1.0
2017	[GSA] BIM Guide Series 08 v1.0； [GSA] BIM Guide Series 09 v1.0

A1.4　澳大利亚 BIM 标准概述

与美国类似，澳大利亚在澳大拉西亚地区的 BIM 标准由政府机构和非营利组织共同制定（表 A2）。澳大利亚的建筑创新合作研究中心（The Cooperative Research Centre，CRC）于 2009 年发布了《国家数字建模指南》[A17]，以促进 BIM 技术在澳大利亚建筑行业的应用。该指南提供了 BIM 的概述，并对模型创建和开发、模拟和绩效衡量等关键领域提出了建议。此外，政府支持的非营利组织建筑信息系统有限公司（Construction Information Systems Limited）所提出的国家建筑标准规范序列（The National Building Specification，NATSPEC）也在 2011 年发布了 BIM 指南[A18]，它改编自 2010 年的相关 BIM 指南，定义了 BIM 的使用、建模方法，以及演示和交付要求,并成为国家 BIM 指南❶。2012 年,NATSPEC 又发布了项目 BIM 管理计划模板,作为国家 BIM 指南的补充文件。2015 年之后,澳大利亚开始响应国际标准组织 buildingSMART International 的号召,开始从底层到 BIM 信息协同等多方面进一步发展 BIM 标准建设[A19]。

表 A2 澳大利亚部分 BIM 相关标准名称索引

发布年份	BIM 标准 / 指南
2009	[Australia, CRC] National Guidelines for Digital Modelling
2011	[Australia, NATSPEC] National BIM Guide v1.0; [Australia-New Zealand, ANZRS Committee] ANZRS_family compliance pack portfolio_Version2
2012	[Australia, NATSPEC] BIM Management Plan Template v1.0; [Australia-New Zealand, ANZRS Committee] ANZRS V3
2015	[Australia, buildingSMART Australia] Industry Protocols for Information Exchange to Underpin BIM and Collaborative Practice; [Australia-New Zealand, ANZRS Committee] ANZRS V4; [Australia, buildingSMART Australia] Australian Technical Codes and Standards for BIM

A1.5 亚洲部分国家 BIM 标准建设实践

截至目前,新加坡、韩国和日本等国家均已经发布了若干 BIM 标准。新加坡制定的 BIM 标准中包括建模方法、模型组件标准及数据组织方法等。然而,同其他发达国家 / 地区一样,新加坡的 BIM 执行计划和模型精度定义在标准序列中很少提及,更多是以索引的形式出现。唯一的例外是由建筑与施工管理局(Building and Construction Authority,BCA)发布的 BIM 指南,它包含了 BIM 标准的关键要素。BCA 先后于 2012 年和 2013 年发布了《BIM 指南 1.0》[A20]和《BIM 指南 2.0》[A21],概述了项目成员在项目不同阶段使用 BIM 的相应角色和职责。

韩国的代表性 BIM 国家标准由韩国土木工程与建筑技术研究院(The Korea

---

❶ 此 BIM 指南现已更新至 2022 年新发布的版本,参考文献 [A18] 所列的资源获取地址为新版本的地址。

Institute of Civil Engineering and Building Technology）制定，政府中的建设和交通技术评估和规划部门，也为起草和发布 BIM 指南做出了贡献。值得一提的是在 2009 年发布的《韩国国家建筑 BIM 项目指南》，这项研究由 buildingSMART 韩国分部和庆熙大学共同完成，包括了 BIM 工作指南、技术指南和管理指南三个层次的内容。韩国 2010 年制定了 BIM 路线图和通用 BIM 准则，它们由 buildingSMART 韩国分部、庆熙大学和 Heerim 建筑事务所联合完成，最终发布的两项成果即 2010 年的《PPS 指南 v1：建筑 BIM 指南》和 2011 年的《PPS 指南 v2：基于 BIM 的成本管理指南》。

日本国土交通省（The Ministry of Land, Transport and Tourism）在 2010 年宣布开始在政府建筑及其维护项目中开展 BIM 试点。这是日本政府采用 BIM 的第一个承诺。从这个节点往后，越来越多的职能部门开始在他们的项目中使用 BIM。除了日本政府公共采购项目，日本的建筑行业集团也采取了使用 BIM 技术的行动[A22]。日本建筑承包商联合会（Japan Federation of Construction Contractors，JFCC）在其建筑施工委员会下设立了一个 BIM 工作专区，以关注和负责 BIM 技术的实施。BIM 工作专区的任务是规范 BIM 应用，提高 BIM 在施工阶段的效益。同时，JFCC 对日本建筑分包商、制造商的 BIM 使用现状进行了全面调查，并以此展开制定相关标准序列。

A2　中国 BIM 标准体系建设情况概述

我国对 BIM 标准的研究和制定起步较晚，但截至目前已经建立了中国国家 BIM 标准框架，拥有 5 个国家标准、多个行业标准和不断更新部署的若干地方标准。2007 年，中国建筑设计研究院等单位起草了行业标准《建筑对象数字化定义》（JG/T 198—2007），该标准并未直接采用国际标准组织发布的标准，而是对其进行了一定程度的简化。2008 年，中国建筑科学研究院和中国标准研究院共同起草了国家标准《工业基础类平台规范》（GB/T 25507—2010），与当时的 ISO/PAS 16739—2005（该标准现已废止）的 IFC 技术内容相对一致，并根据我国的国家标准要求的书面格式，对相关国际标准进行了调整，这也是为了快速将通用国际标准序列转换成中国国家标准。清华大学于 2010 年发布了《中国建筑信息模型标准框架研究》论文[A23]，2011 年 12 月正式出版了《中国建筑信息模型标准框架研究》

（CBIMS），将我国 BIM 标准体系划分为技术标准和实施标准。在此框架的引领下，我国的 BIM 标准体系以推荐标准（GB/T）为主进行推行，由中国住房和城乡建设部发布，涵盖了 BIM 的基本原理、技术规范和应用要求等。

在国家标准体系的引领下，地方标准和行业标准如铁路 BIM 标准等逐步确立。一些大型设计、施工和运营企业也制定了 BIM 企业标准。整体来说，中国 BIM 标准体系与欧美等国家强制性推行的标准不同，更多地是借鉴国际标准内容，指引地方和企业 BIM 技术的应用和发展。CBIMS 的架构与美国 NBIMS 体系类似，根据目标用户群体分为两大类：一是针对 BIM 软件开发的 CBIMS 技术标准，包括数据存储标准、语义信息标准和信息传递标准；二是针对建筑工程从业者的 CBIMS 实施标准，包括资源标准、行为标准、交付标准。图 A1 为 CBIMS 体系框架。

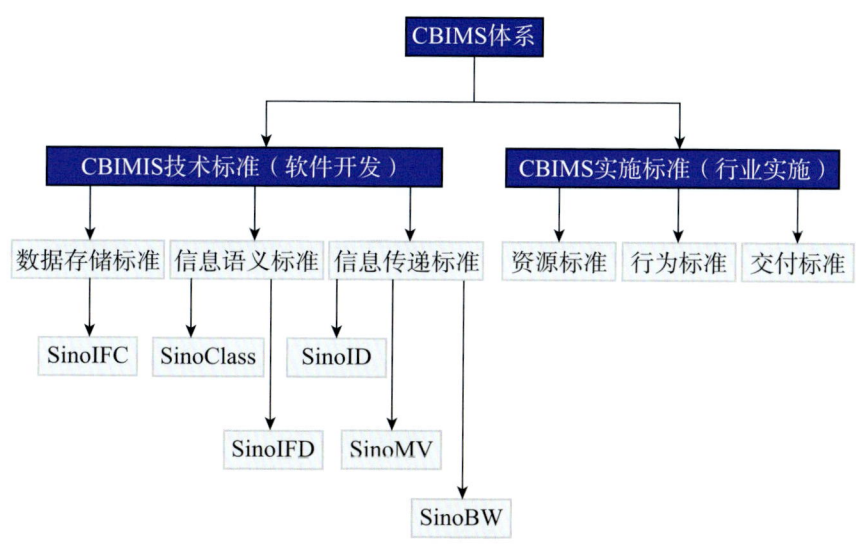

图 A1　清华大学 CBIMS 框架图[A23]

A2.1　中国国家 BIM 标准体系

我国国家 BIM 标准体系包括三个层次。第一层是最高标准，即建立统一标准的应用工程信息模型；第二层是基础数据标准，如建筑工程设计信息模型分类和编码标准；第三层是建筑信息模型执行标准，包括建筑工程设计信息模型交付标准、制造业工程设计信息模型交付标准等。图 A2 为中国国家 BIM 标准分级示意图。国家 BIM 标准在 BIM 技术的发展过程中对地方、行业和企业标准的制定提供了较好的指引作用。

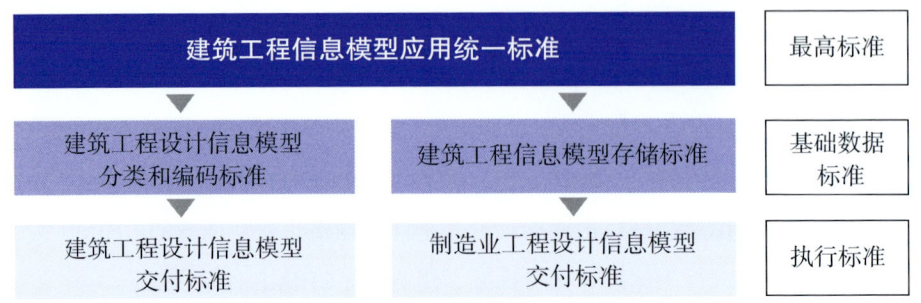

图 A2　中国国家 BIM 标准分级（更新中）

A2.2　中国地方 BIM 标准

国家建筑业 BIM 各大标准全部发布后，BIM 应用将达到一个新的水平。在国家级 BIM 标准不断推进的同时，各地也针对 BIM 技术应用出台了地方性的相关标准以及应用指南，如北京市 2013 年发布的地方标准《民用建筑信息模型（BIM）设计基础标准》、上海市 2015 年发布的《上海市建筑信息模型技术应用指南》等。各地方还相继出台了一些细分领域标准，如门窗、幕墙等行业也制定了相关 BIM 标准及规范。企业也会制定内部 BIM 技术实施导则。

在 BIM 标准的地方化发展中，一些代表性的城市展现了其领先和创新的特点。例如，深圳市在其 2021 年出台的《深圳市人民政府办公厅关于印发加快推进建筑信息模型（BIM）技术应用的实施意见（试行）的通知》中，要求所有新建政府投资和国有资本投资建设项目以及重大项目和重点片区项目全面实施 BIM 技术应用，并出台实施一系列 BIM 应用指导和标准规范，其中比较有代表性的就是基于 openBIM-IFC 体系的深圳市《建筑信息模型数据存储标准》，该文件旨在从建筑设计、施工和管理的底层角度出发，推动 BIM 技术的广泛应用。这些措施促进了建筑项目的信息化管理，提高了工程质量和效率。

总体来看，我国各地地方政府在 BIM 标准的制定和实施上，结合地方建筑特色和实际需求的差异,并考虑了现有国际标准的先进内容,有望进一步推动建筑行业向更高效、智能和绿色的方向发展。

A2.3 中国行业 BIM 标准

2014 年,中国建筑集团出版了《建筑工程设计 BIM 应用指南》,该书从企业、项目、专业等多个层面,详细描述了采用 BIM 技术进行项目全生命周期管理的过程,提供了针对建筑工程项目各方的 BIM 专业应用、业务流程中的建模方法、模型的应用程序以及协调程序的具体指导和实践经验总结,并给出了应用方案。以 2014 年中国铁路 BIM 联盟发布的行业 BIM 指导意见《铁路工程实体结构分解指南》《铁路工程信息模型分类编码标准》以及相关文件为例,中国铁路行业 BIM 标准体系的结构如图 A3 所示。

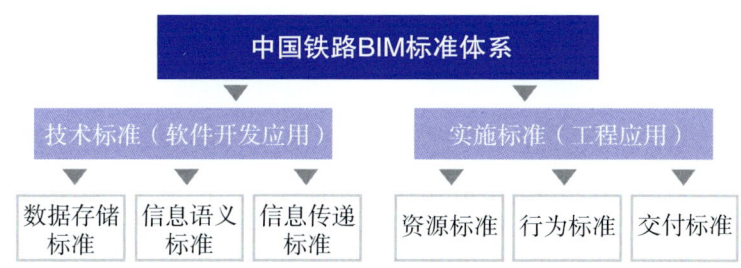

图 A3　中国铁路行业 BIM 标准体系

附录 A 参考文献

[A1]　CHENG J C P, LU Q. A review of the efforts and roles of the public sector for BIM adoption worldwide[J]. Journal of Information Technology in Construction, 2015 (20): 442-478.

[A2]　CEN. CEN/TC 442 Building Information Modelling Version 2020-12-15[S]. (2020-12-15).

[A3]　POLJANŠEK M. Building Information Modelling (BIM) standardization[J/OL]. JRC Science Hub, 2017: 1-18. https://ec.europa.eu/jrc%0A http://publications.jrc.ec.europa.eu/repository/bitstream/JRC109656/jrc109656_bim.standardization.pdf.

DOI: 10.2760/36471.

[A4]　PlanRadar. BIM adoption in Europe: 7 countries compared[EB/OL]. 2021. https://www.planradar.com/gb/bim-adoption-in-europe/

[A5]　Federal Ministry of Transport and Digital Infrastructure. Road Map for Digital Design and Construction[R]. 2015.

[A6]　BORRMANN A, FORSTER C, LIEBICH T, et al. Germany's Governmental BIM Initiative – The BIM4INFRA2020 Project Implementing the BIM Roadmap [M/OL]. 2021: 452-465. https://link.springer.com/10.1007/978-3-030-51295-8_31. DOI: 10.1007/978-3-030-51295-8_31.

[A7]　PANTELI C, POLYCARPOU K, MORSINK-GEORGALLI F Z, et al. Overview of BIM integration into the Construction Sector in European Member States and European Union Acquis[J/OL]. IOP Conference Series: Earth and Environmental Science, 2020, 410(1) . DOI: 10.1088/1755-1315/410/1/012073.

[A8]　The BIM Task Group. Government Soft Landings enabled by BIM[R]. 2013.

[A9]　Construction Industry Council. Best Practice Guide For Professional Indemnity Insurance when Using BIM[Z/OL]. https://www.cic.org.uk/shop/best-practice-guide-for-professional-indemnity-insurance-when-using-bim

[A10]　PAS 1192-2: 2013. Specification for information management for the capital / delivery phase of construction projects using building information modelling[S/OL]. https://www.hfms.org.hu/web/images/stories/PAS/PAS1192-2-BIM.pdf

[A11]　British Standard Institution. PAS 1192-3: 2014—Specification for information management for the operational phase of assets using building information modelling[S/OL]. https://bugva.org/wp-content/uploads/2018/09/bsi_pas_1192-3_2014.pdf

[A12]　EYNON J. BSI B/555 Roadmap[M/OL]//British Standards Institution. Construction Manager's BIM Handbook. John Wiley & Sons, Ltd, 2016: 61-69. https://doi.org/10.1002/9781119163404.ch8.

[A13]　RICHARDS M. Building information management: A standard framework and guide to BS 1192[C/OL]. 2010. DOI: 10.3403/9780580708701

[A14] AEC-UK Committee. BIM Standard Version 1.0[A]. 2009.

[A15] AEC-UK Committee. AEC(UK) BIM Protocol for Autodesk Revit Version 2.0[A]. 2012.

[A16] GSA. GSA Building Information Modeling Guide Series 01 – Overview[S]. 2007.

[A17] CRC Construction Innovation. National guidelines for digital modelling[M/OL]. Brisbane, 2009. http: //eprints.qut.edu.au/30343/1/BIM_CaseStudies_Book_191109_lores.pdf.

[A18] NATSPEC. NATSPEC National BIM Guide[S/OL]. https://www.bim.natspec.org/documents/natspec-national-bim-guide

[A19] buildingSMART Australasia. National Building Information Modelling initiative: A report for the Department of Industry, Innovation, Science, Research and Tertiary Education[R/OL]. http: //buildingsmart.org.au/wp-content/uploads/2014/03/NationalBIMIniativeReport_6June2012.pdf.

[A20] Building and Construction Authority. Singapore BIM Guide i Version 1.0[M]. MND Complex Singapore 069110, 2012.

[A21] Building and Construction Authority. Singapore BIM Guide 2.0[M]. 2013: 70.

[A22] INSTITUTE B R. 2013 IDDS & BIM Oneday Seminar[EB/OL]. https: //www.kenken.go.jp/japanese/research/lecture/bim_idds/BIM&IDDS_oneday-seminarE.html.

[A23] 清华大学 BIM 课题组. 中国建筑信息模型标准框架研究 [M]. 北京：中国建筑工业出版社，2011.

附录 B　BIM 国际通用标准体系简介

BIM 发展至今，其在建筑工业领域的应用价值主要体现在软件应用方面，如设计方案建模、方案审查（如基于 BIM 模型的碰撞检测与合规性检测等）、模型应用（基于 BIM 模型的能耗或三维模拟分析等）以及信息交换（如跨专业、跨阶段、跨领域的模型和数据交付等）。从建筑行业、建成环境的角度，目前的 BIM 国际应用标准体系可以分为基于 IFC 的通用数据模式标准体系和基于 ISO 19650 的整合性应用标准体系。

IFC（工业基础类）是一个对建筑信息模型的通用数据存储模式，包含对建筑业对象的几何形状、属性以及它们之间的关系的定义，可以使原本不兼容的建筑工程领域应用程序之间实现数据共享[B1]。从 1997 年国际互操作性联盟（International Alliance for Interoperability）❶ 发布 IFC 模式的最早应用版本至今，IFC 作为 BIM 软件应用和数据模式标准，已经更新迭代了若干个版本，用于描述建筑行业的数据，加速建筑工程和建造行业中的数据互联互通，从底层数据的角度提高了项目协作中的互操作性，并在 2013 年注册为 ISO 国际标准的一部分（ISO 16739）[B2]。

在这一过程中，非营利国际组织 buildingSMART International 负责 IFC 的版本更新、管理与开发，并且与软件公司在应用端形成数据应用范式，逐步改变了建筑业的传统工作流程，注重于精细化的数据构建与传输。发达国家如美国、英国、法国、德国等在其 BIM 行业标准中也已经大量地引用和应用 IFC 标准。像 Autodesk 和 Bentley 这样的 BIM 软件主流企业，正在逐步对 IFC 标准进行认证，并将其应用于自身开发的软件中。它们开发了不同层面的接口标准，以对接面向建筑、结构以及机电系统的 IFC 数据[B3]。综上，IFC 作为一种通用、开放、中立的数据模式，在国际标准组织的推广下，衍生出了 openBIM 应用体系[B4]。

---

❶ 国际标准组织 buidlingSMART International 的前身组织。

随着时间的推移，IFC 已发布了数个版本（表 B1），IFC 2x3 和 IFC 4 的发布间隔了六年，其中 IFC 4 已经完成从建筑类项目数据模式到基础设施的主要类别的过渡，这也是目前底层数据模式发展的显著进步。IFC 的扩展虽然丰富了计算机可以识别的标准数据模式内容，但也意味着用户尤其是非专家群体需要投入更多精力去掌握和理解 IFC 的方法。

表 B1　不同 IFC 版本及内容说明[B5]

版本	发布年份	主要的更新内容
IFC 2x	2000	引入核心模型和领域扩展的概念
IFC 2x ADD1	2001	解决与 IFC 2 相关的问题
IFC 2x2	2003	包括建筑、控制、施工管理、暖通和结构领域相关的多个扩展
IFC 2x2 ADD1	2004	解决与 IFC 2x2 相关的问题
IFC 2x3	2005	提高 IFC 2x2 旧版本的质量
IFC 2x3 TC1	2007	解决与 IFC 2x3 相关的问题
IFC 4	2013	增强主要建筑、建筑服务和结构元素的模式能力，支持扩展到基础设施和新的 BIM 工作流程、产品库和 GIS 的互操作性
IFC 4 ADD1	2015	增强了其主要建筑、建筑服务和结构元素的模式能力，并支持扩展到基础设施；支持新的 BIM 工作流、产品库和与 GIS 的互操作性
IFC 4.3	2023	增加了服务于水运工程（海事领域下）等基础设施的内容

在建筑工程交付和信息管理方面，ISO 19650 作为一套 BIM 国际应用标准，在 2018 年整合发布，得到了国际上建筑工程行业的认可并进行了全球推广（图 B1）。这套标准以实现高效 BIM 信息管理和交付为主要目标，规范了 BIM 全生命周期工作流程。该标准体系的起源和内容很大程度上基于英国标准协会（BSI）在 2016 年出台的 PAS 1192 系列标准，并且与"ISO 90001 质量管理体系标准""ISO 10004 客户满意度国际标准""ISO 44001 协作业务关系管理体系认证"产生联动，是一套整合性、指导性强的 BIM 应用标准，涉及项目如何建立 BIM 工作流程和信息交换规范等内容。截至目前，ISO 19650 体系已经过若干年的实践验证和改进，其有

效性和先进性得到了国际社会的广泛认可，对目前推动全球 BIM 的标准化并提高其互操作性发挥了重要作用。本书中针对 openBIM 的内容也是 ISO 19650 体系的一部分。

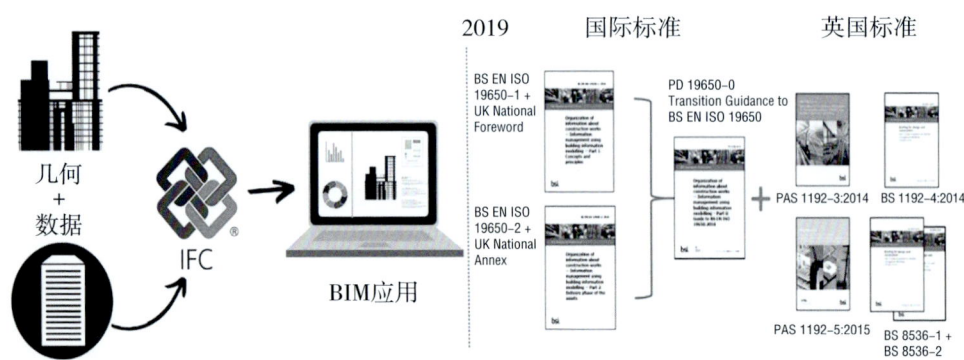

图 B1　BIM 两大国际标准应用体系——IFC 标准和 ISO 19650 系列

附录 B 参考文献

[B1]　buildingSMART International. IFC Introduction[EB/OL]. [2019-06-17]. https://www.buildingsmart.org/about/what-is-openbim/ifc-introduction/

[B2]　International Organization for Standardization. BS EN ISO 16739-1: 2024 Industry Foundation Classes (IFC) for data sharing in the construction and facility management industries Data schema[S/OL]. 2024: 1474. https://www.iso.org/standard/84123.html

[B3]　HU Z, ZHANG X, WANG H, et al. Improving interoperability between architectural and structural design models: An industry foundation classes-based approach with web-based tools[J]. Automation in Construction, 2016(66): 29-42.

[B4]　buildingSMART International. The International Home of openBIM[EB/OL]. https://www.buildingsmart.org/about/openbim/

[B5]　buildingSMART International. Information Delivery Specification IDS[EB/OL]. [2024-10-12]. https://technical.buildingsmart.org/projects/information-delivery-specification-ids/

光 明 城

LUMINOCITY

"光明城"是同济大学出版社城市、建筑、设计专业出版品牌,致力以更新的出版理念、更敏锐的视角、更积极的态度,回应今天中国城市、建筑与设计领域的问题。